专用于国家职业技能鉴定

国家职业资格培训教程

# 放射性废液整备与废物处置工

（基础知识）

中国核工业集团有限公司人力资源部
中核四川环保工程有限责任公司 组织编写

中国原子能出版社

**图书在版编目(CIP)数据**

放射性废液整备与废物处置工：基础知识 / 中国核工业集团有限公司人力资源部，中核四川环保工程有限责任公司组织编写．—北京：中国原子能出版社，2020.8

国家职业资格培训教程

ISBN 978-7-5221-0698-4

Ⅰ．①放… Ⅱ．①中…②中… Ⅲ．①放射性废水-整备作业-技术培训-教材②放射性废水-放射性废物处理-技术培训-教材 Ⅳ．①TL94

中国版本图书馆 CIP 数据核字(2020)第 130135 号

**放射性废液整备与废物处置工(基础知识)**

---

**出版发行** 中国原子能出版社(北京市海淀区阜成路 43 号 100048)

**责任编辑** 张书玉

**责任校对** 冯莲凤

**责任印制** 潘玉玲

**印　　刷** 保定市中画美凯印刷有限公司

**经　　销** 全国新华书店

**开　　本** 787 mm×1092 mm 1/16

**印　　张** 8.875

**字　　数** 222 千字

**版　　次** 2020 年 8 月第 1 版 2020 年 8 月第 1 次印刷

**书　　号** ISBN 978-7-5221-0698-4 **定 价 62.00 元**

---

**网址：http://www.aep.com.cn** **E-mail：atomep123@126.com**

**发行电话：010-68452845**

国家职业资格培训教程

# 放射性废液整备与废物处置工
# （基础知识）

## 编审委员会

# 前　言

为推动核行业特有职业技能培训和职业技能鉴定工作的开展，在核行业特有职业从业人员中推行国家职业资格证书制度，在人力资源和社会保障部的指导下，中国核工业集团有限公司人力资源部组织有关专家编写了《国家职业资格培训教程——放射性废液整备与废物处置工》（以下简称《教程》）。

《教程》以国家职业标准为依据，内容上力求体现“以职业活动为导向，以职业技能为核心”的指导思想，紧密结合实际工作需要，注重突出职业培训特色；结构上针对本职业的职业活动的领域，按照模块化的方式，分为初级技能、中级技能、高级技能、技师技能、高级技师技能五个等级进行编写的。《教程》中的章对应于职业标准的“职业功能”，节对应“工作内容”；每节包括“学习目标”“级联操作”“工艺操作”及“自检”等单元，涵盖了职业标准中的“技能要求”和“相关知识”的基本内容。此外，针对职业标准中的“基本要求”，还专门编写了《放射性废液整备与废物处置工（基础知识）》一书，内容涉及：职业道德、基础理论、化工材料及设备、放射性废物管理及辐射防护基础、电工基础知识、安全文明生产与环境保护、质量管理、相关法律法规。

《教程》适用于放射性废液整备与废物处置工的初级、中级、高级、技师、高级技师培训，是放射性废液整备与废物处置工职业技能鉴定的指定辅导用书。

《教程》由赵玲君、高彦峰、王邵、韩仲明、王旭、刘旸、余达万、吴定琳、王丽、禹恩发、戴志伟、包潮军、衡张玲、王丽等编写，由李克平、马文革、吴伟、耿广明、徐卫东、肖新宇、关受刚、南旭阳、曾荣先、唐明山等审核。中核四川环保工程有限责任公司承担了本《教程》的编写工作。

由于编者水平有限，时间仓促，加之科学技术的发展，教材中不足与错误之处在所难免，欢迎提出宝贵意见和建议。

中国核工业集团有限公司人力资源部
中核四川环保工程有限责任公司

# 目　　录

# 第一章　放射性废液整备与废物处置工职业道德

## 第一节　职业道德基本知识

**学习目标**：掌握职业道德基本知识，在社会公德、诚实守信等方面具备良好的职业素养。

### 一、职业道德

职业道德是指从事一定职业的人们在其履行职业职责的过程中应遵循的特定的职业思想、行为准则和规范，是与之相适应的道德观念、道德意识、道德活动的总和，是一般社会道德在特定的职业活动中的体现，是从事各种职业的劳动者都应遵守的职业行为规范的总和。概括而言，职业道德主要应包括以下几方面的内容：忠于职守，乐于奉献；实事求是，不弄虚作假；依法行事，严守秘密；公正透明，服务社会。一个不尊崇职业道德或不信守职业承诺的人，其技能再高，都不可能成为有素质的职业人。

职业道德的内涵包括以下几个方面：

（1）职业道德是一种职业规范，受社会普遍的认可。

（2）职业道德是长期以来自然形成的。

（3）职业道德没有确定形式，通常体现为观念、习惯、信念等。

（4）职业道德依靠文化、内心信念和习惯，通过员工的自律实现。

（5）职业道德大多没有实质的约束力和强制力。

（6）职业道德的主要内容是对员工义务的要求。

（7）职业道德标准多元化，代表了不同企业可能具有不同的价值观。

（8）职业道德承载着企业文化和凝聚力，影响深远。

职业道德与一般的道德有着密切的联系，同时也有着自己的特征。

1. 稳定性和连续性

职业道德的特点，在于每种职业都有其道德的特殊内容。职业道德的内容往往表现为某一职业所特有的道德传统和道德准则。一般来说，职业道德它所反映的是本职业的特殊利益和要求，而这些要求是在长期的反复的特定职业社会实践中形成的，有些是独具特色代代相传。这种由不同职业，不同生活方式长期积累逐渐形成的相对稳定的职业心理、道德传统、道德观念、道德规范以及道德品质，则形成职业道德相对的连续性和稳定性。

2. 专业性和有限性

道德是调节人与人之间关系的价值体系。鉴于职业的特点，职业道德调节的范围则主要限于本职业的成员，而对于从事其他职业的人就不一定适用。这就是说，职业道德的调节作用主要是：一是调节从事同一职业人员的内部关系；二是调节本行业从业人员同其服务对象之间的关系。

3. 多样性和适用性

由于职业道德是依据本职业的业务内容、活动条件、交往范围以及从业人员的承受能力而制定的行为规范和道德准则,所以职业道德就是多种多样的,有多少种职业就有多少样职业道德;但是,每种职业道德又必须具有具体、灵活、多样、明确的特点,以便职工记忆、接受和执行,并逐渐形成为习惯。

## 二、职业道德基本规范

社会主义职业道德基本规范包括五个方面的内容,即爱岗敬业、诚实守信、办事公道、服务群众、奉献社会。

1. 爱岗敬业

从业者要充分地认识到自己从事职业的社会价值。职业的分工本质上是人民有组织地自己做自己的事,热爱自己的岗位,敬重自己的职业,做到干一行、爱一行、专一行。

2. 诚实守信

诚实守信是中华民族的传统美德,是为人处世的基本准则,是从业人员对社会、对人民所承担的义务和职责。诚信就是实事求是,就是脚踏实地,有真言、真心、真行,反对欺诈和虚伪,是立身做人的内在需要。要做到既有高质量的产品,又有高质量的服务,还要严格遵纪守法。只有这样,才能取信于民,从而获得良好的社会效益和经济效益。

3. 办事公道

办事公道是在爱岗敬业、诚实守信的基础上提出一个更高层次的职业道德的基本要求。从业人员要廉洁公正,不仅自己清正廉洁,办事公正,不以权谋私,还要秉公执法,做到出于公心,主持公道,不偏不倚。不唯上、不唯权,不唯情、不唯利。照章办事,平等待人。

4. 服务群众

是指从业人员在职业活动中要全心全意为人民服务。为人民服务是职业的灵魂,在服务过程中要做到热心、耐心、虚心、真心,一切从群众的利益出发,为群众排忧解难,为群众出谋划策,提高服务质量。服务群众、满足群众要求、尊重群众利益是职业道德要求的目标指向的最终归宿。每个人无论从事哪种职业、也无论职位高低,只要认真从事本职工作、热心为他人,为社会服务、才能达到职业道德的要求标准。

5. 奉献社会

奉献社会是职业道德的本质特征,从业人员必须把奉献社会作为重要的职业道德规范,作为自己根本的职业目的。只有在职业劳动中自觉主动地奉献社会的劳动者,才能真正体会到奉献社会的乐趣,才能最大限度地实现自己的人生价值。

# 第二节 职业守则

**学习目标:**掌握职业守则,正确认识职业道德,具备良好的职业素养。

职业道德不仅对个人的生存和发展有重要的作用和价值,而且与企业的兴旺发达甚至生死存亡密切相关。职工若具有良好的职业道德,不仅有利于协调职工之间、职工与领导之间、职工与企业之间的关系,增强企业的凝聚力,而且有利于企业的科技创新,有利于降低产品成本,提高产品和服务质量,从而有利于树立良好的企业形象。职业道德不是空洞的说教,而是实实在在的行动,职业守则是职业道德的具体化。

由于职业道德和职业价值都是抽象的,当在实际工作中遇到“两难”问题时,就会根据个人的不同理解而做出不同的反应.而作为一个专业的职业守则,则可以规范统一行动,提高工作效率,促进工作任务完成。同时,职业守则也确保了行为的一致性和整体性。职业守则的主要内容介绍如下。

1. 遵守国家政策、法律、法规,遵守保密规定及各项规章制度

“国无法不治,民无法不立”。遵纪守法是现代社会公民的基本素质和义务,是保持社会和谐安宁的重要条件。人人守法纪,凡事依法纪,则社会安宁、经济发展。倘若没有法纪的规范,失去法纪的控制,各项秩序就无从保证,人们生存、发展的环境就会遭到破坏,人民群众就不可能安居乐业。“以遵纪守法为荣、以违法乱纪为耻”,这应该是每一个积极向上的人所追求的荣誉所在。职工具有良好的职业道德是企业保守科技机密的重要条件,每一个企业要开发出新产品、新工艺、新技术都要耗费大量的人力、物力和财力,而在当今市场竞争越来越激烈的情况下,总有一些人想不劳而获,采取非道德、非正常的手段,获取他人花费了大量精力而开发出的新产品、新工艺、新技术。如果职工(特别是掌握了企业核心技术的职工)缺乏一定的职业守则,受利益的诱惑和驱动,就有可能背叛企业,出卖企业的科技机密,给企业带来巨额的经济损失。如果职工没有严格遵守规章制度的觉悟,随意违反规章制度,那么企业的管理就形同一盘散沙。

2. 尊敬老师,服从指挥,严格按规定程序办事

现代科学试验都是大规模、多学科的联合实验,因此,要求参加试验人员必须保持步调一致,服从统一指挥,严格按规定程序办事,才能高效率出好成果。

3. 刻苦钻研技术,认真学习专业知识,掌握岗位技能,努力提高劳动素质

现代社会充满了竞争和机遇,一个企业的技术创新能力已经成为其赖以生存的重要因素。而企业的技能人才也正是衡量其综合实力的重要标准之一,职工若有较高的职业道德就会爱岗敬业学技术、刻苦钻研练本领、春华秋实写人生。

4. 谦虚谨慎,主动配合工作,团结合作

我们现在所处的时期,对团队合作精神的渴求比任何一个时期都显得更加迫切和重要。在当今这个时代,一个缺乏团队合作精神的人,是不可能取得大的成功的,只有在谦虚沟通中传递信息,在配合中相互学习,才会在团队合作中做得更好。团队合作是现代人应具备的基本品质之一,也是一个创新团队重要的成功经验。因此在现代职业中,不仅必须具有很强的团队合作精神,还要具有很强的团队合作能力。团队合作是一切事业成功的基础,是立于不败之地的重要保证。

5. 重视安全,严格遵守操作规程

“一人平安,全家幸福”,安全对于单位来说,它的意义,在于装置的稳定运行,对于职工个人来说,在于千家万户的幸福与欢乐。不讲安全,一个小小的失误都会酿成大事故。不讲安全,哪怕只是小小的一个意念,就能让操作中的生命处于危险。事故减少了,成本降低了,安全稳定了,荣誉就多了,各种奖励也就使得我们的收入越来越丰厚、小日子过得也越来越红火了。因此,安全工作确实是惠及我们单位和个人的大好事,所以我们必须扎扎实实地做

好这项工作。

6. 保持良好的工作环境卫生、舒适的工作氛围、文明的劳动秩序

企业环境需要由职工来维护和爱护,如果职工没有爱厂如爱家的职业道德,不爱惜企业的厂房、机器、设备等,不讲究卫生,随意丢弃废物、堆放物品,企业环境就很难保持整洁、宽敞、明亮、安全、舒适、高雅。

# 第二章　基础理论

## 第一节　化学基础

**学习目标**：掌握放射性废液整备与废物处置工应具备的化学基本概念，具备从事放射性废液整备与废物处置工作的基本素质。

### 一、物质的组成

宏观上肉眼能看到的物质是由肉眼难以看见的微粒组成的。这些微观粒子有分子、原子、离子、电子等。有些物质的由分子构成，比如水（$H_2O$）、氧气（$O_2$）、二氧化碳（$CO_2$）等；有些物质由原子直接构成，比如铁（Fe）、铜（Cu）等；还有些物质由离子构成，比如氢氧化钠（NaOH）是由钠离子（$Na^+$）和氢氧根离子（$OH^-$）构成的。

物质分为纯净物和混合物。

1. 纯净物

纯净物是指由同一种物质组成的物质，即由同种分子或微粒组成，有固定的组成和一定的性质。

纯净物包括单质（如氧气、氢气、铁、铜等），和化合物（如水、氯化钠、硫酸、氢氧化钠等）。

单质可分为金属（如铁、铜等）和非金属（如氧气、臭氧、氢气等）。

化合物可分为：无机化合物和有机化合物。

（1）无机化合物

1）氧化物：如水、氧化铁、二氧化碳。

2）酸：如硫酸、盐酸、硝酸、碳酸。

3）碱：如氢氧化钠、氢氧化钾。

4）盐：如氯化钠、碳酸钠。

（2）有机化合物

有机化合物主要包含烃、醇、醛、羧酸等。另外，化合物还可根据在熔融或溶于水能否导电分为电解质和非电解质。酸碱盐、部分金属氧化物、碱金属和碱土金属的氧化物是电解质，水也是电解质，而且是极弱的电解质。强酸强碱和大多数盐是强电解质。弱酸弱碱、水、少数盐是弱电解质。

2. 混合物

混合物是由不同种物质组成的物质，即由不同种分子或微粒组成，无一定的组成，没有固定的熔、沸点。如溶液、水泥、玻璃、粉煤灰、空气、尾气等为混合物。

混合物按照形态，可分为液体混合物（如溶液）、固体混合物（水泥、玻璃、不锈钢、铝合金等）、气体混合物（如空气、尾气等）。

## 二、物质的量

物质的量是量度一定量粒子的集合体中所含粒子数量的物理量,表示含有一定数目粒子的集合体。在国际单位制中,物质的量的符号为 $n$,单位为摩尔(mol),量纲为 N。它是把微观粒子与宏观可称量物质联系起来的一种物理量,表示物质所含粒子数目的多少。物质的量可用来度量所有粒子,如原子、分子、电子等,或者它们的特定组合。如:1 mol 的 $^{12}C$ 中含有 $6.02\times10^{23}$ 个 $^{12}C$ 原子,1 mol 的 NaCl 中含有 $6.02\times10^{23}$ 个 NaCl 分子。

物质的量的计算公式:

$$n=m/M$$

式中:$m$——物质的质量,g;

$M$——摩尔质量,表示单位物质的量的物质所具有的质量(1 mol 物质的质量),单位为 g/mol、kg/mol 等,摩尔质量以 g/mol 为单位时,它与相对原子质量或相对分子质量相同,如水的摩尔质量为 18 g/mol,$CO_2$ 的摩尔质量为 44 g/mol。

## 三、溶液

溶液是由一种或几种物质分散到另一种物质里,组成的均一、稳定的混合物,被分散的物质以分子或更小的质点分散于另一物质中。物质在常温时有固体、液体和气体三种状态,因此溶液也有三种状态,大气本身就是一种气体溶液,固体溶液混合物常称固溶体,如合金。一般溶液只是专指液体溶液。液体溶液包括两种,即能够导电的电解质溶液和不能导电的非电解质溶液。所谓胶体溶液,更确切地说应称为溶胶。其中,溶质相当于分散质,溶剂相当于分散剂。在生活中常见的溶液有蔗糖溶液、碘酒、澄清石灰水、稀盐酸、盐水、空气等。

溶液由溶质和溶剂组成,溶质是指被溶解的物质,如盐水中的盐就是溶质,溶剂是指能溶解其他物质的物质,如盐水中的水就是溶剂。固体和气体溶于液体时,通常把液体叫做溶剂,水为最常用的溶剂。

## 四、酸碱盐

酸:电离时产生的阳离子全部都是氢离子。例如:$H_2SO_4$(硫酸)、HCl(盐酸)、$HNO_3$(硝酸)、$H_2CO_3$(碳酸)。

碱:电离时产生的阴离子全部都是氢氧根离子。例如:NaOH(氢氧化钠)、KOH(氢氧化钾)、$Ca(OH)_2$(氢氧化钙)、$NH_3\cdot H_2O$(或写为 $NH_4OH$,氨水)等。

盐:电离时生成含有金属阳离子(或 $NH_4^+$ 铵根)和酸根离子的化合物。例如:$Na_2CO_3$(碳酸钠)、$CuSO_4$(硫酸铜)、$NH_4NO_3$(硝酸铵)等。

酸、碱、盐的判断:由氢离子和酸根离子、非金属单质结合生成的化合物为酸,由金属离子和氢氧根离子结合生成的化合物为碱,由金属离子和酸根离子结合生成的化合物为盐。

## 五、化学反应

分子破裂成原子,原子重新排列组合生成新物质的过程,称为化学反应。在反应中常伴有发光发热变色生成沉淀物等,判断一个反应是否为化学反应的依据是反应是否生成新的物质。

# 第二节 化工基础

**学习目标**：掌握温度、压力、流量、阀门、流体输送、传热等化工基本知识，具备从事放射性废液整备与废物处置工作的基本能力。

## 一、温度

温度是表示物体冷热程度的物理量，温度只能通过物体随温度变化的某些特性来间接测量，而用来量度物体温度数值的标尺叫温标。它规定了温度的读数起点(零点)和测量温度的基本单位。国际单位为热力学温标(K)。目前国际上用得较多的其他温标有华氏温标(℉)、摄氏温标(℃)和国际实用温标。

摄氏温标(℃)规定：在标准大气压下，冰的熔点为零度，水的沸点为100度，中间划分100等分，每等分为摄氏1度，符号为℃。

## 二、压力

垂直作用于流体或固体界面单位面积上的力。界面可以是指流体内部任意划分的分离面，也可以是流体与固体之间的接触面。压力的国际单位为牛顿，简称牛，符号N。

不少学科常常把压强叫做压力，同时把压力叫做总压力。压强不表示力，而是表示垂直作用于物体单位面积上的力。压强的国际单位：帕斯卡，简称帕，符号Pa。

$$压强(P)=压力/受压面积=F/S$$

$$压力(F)=压强\times受力面积=PS$$

对于水平放置的物体，压力 $F$ 等于物体的重力 $G$，即 $F=G=mg$，其中 $m$ 为物体的质量，g为1 kg物体所受的重力，为9.8 N/kg，为了便于计算，一般取10 N/kg。

对于一些特别形状的物体，如长方体、正方体等水平放置，圆柱、棱柱体竖直放置时，压强还有推导公式 $P=\rho gh$，$\rho$ 为物体的密度，如水为 $10^3 kg/m^3$，汞为 $13.6\times10^3 kg/m^3$ 等。

压强的常用单位有：$kgf/cm^2$(千克力或公斤力)、$mmH_2O$(毫米水柱)、mmHg(毫米汞柱)和kPa、MPa等。它们与Pa的换算关系如下：

$$1\ kgf/cm^2=F/S=10/10^{-4}\ Pa=10^5\ Pa$$

$$1\ mmH_2O=\rho_{水}\cdot g\cdot h=10^3\times10\times10^{-3}\ Pa=10\ Pa(此处,g取10\ N/kg)$$

$$1\ mmHg=\rho_{Hg}\cdot g\cdot h=1.36\times10^4\times10\times10^{-3}\ Pa=136\ Pa$$

$$1\ MPa=10^6\ Pa,1\ kPa=10^3\ Pa$$

在压力测量中，常用绝对压力、表压力、负压力、真空度来表示。所谓绝对压力是指被测介质作用在容器单位面积上的全部压力，用符号 $P_j$ 表示。用来测量绝对压力的仪表称为绝对压力表。地面上空气柱所产生的平均压力称为大气压力，用符号 $P_q$ 表示。用来测量大气气压力的仪表叫气压表。绝对压力与大气压力之差，称为表压力，用符号 $P_b$ 表示，即 $P_b=P_j-P_q$。当绝对压力值小于大气压力值时，表压力为负值(即负压力)，此负压力值的绝对值，称为真空度，用符号 $P_z$ 表示。用来测量真空度的仪表称为真空表。既能测量压力值又能测量真空度的仪表叫压力真空表。

## 三、流量

流量是指单位时间内流经封闭管道或明渠有效截面的流体量,又称瞬时流量。当流体量以体积表示时称为体积流量;当流体量以质量表示时称为质量流量。单位时间通过流管内某一横截面的流体的体积,称为该横截面的体积流量,用 $Q$ 来表示,单位是每秒立方米($m^3/s$)。体积流量的方程为:$Q=SV$,其中 $S$ 为横截面的面积,$V$ 为流体流速。不可压缩的流体作定常流动时,通过同一流管各截面的流量不变。

## 四、物位

在工业生产过程中,常遇到大量的液体物料和固体物料,它们占有一定的体积,堆成一定的高度。把生产过程中罐、塔、槽等容器中存放的液体表面位置称为液位;把料斗、堆场仓库等储存的固体块,颗粒、粉料等的堆积高度和表面位置称为料位;两种互不相容的物质的界面位置叫作界位。液位、料位以及界位总称为物位。对物位进行测量的仪表被称为物位检测仪表。

## 五、传热

传热是指由于温度差引起的物质系统内的能量转移。物体的传热过程分为三种基本模式,即:热传导、热对流、热辐射。传热也叫作热传递,物质传递的能量叫做热量,单位为 J。

## 六、真空度

真空度指处于真空状态下的气体稀薄程度。若所测设备内的压强低于大气压强,其压力测量需要真空表。从真空表所读得的数值称真空度。真空度是表示系统实际压强低于大气压强的数值,即:真空度=大气压强-绝对压强,绝对压强=大气压+表压。

真空度的单位与压强相同,常用的真空度单位有 Pa、kPa、MPa、大气压、公斤($kgf/cm^2$)、mmHg 等。1 大气压≈100 kPa≈0.1 MPa≈760 mmHg≈1 $kgf/cm^2$

# 第三章　化工材料及设备

## 第一节　化工常用材料

**学习目标：**掌握常用化工材料酸、碱、水泥、粉煤灰的分类和用途，掌握酸、碱、水泥和粉煤灰的使用注意事项。

### 一、酸

1．酸的分类

根据是否含有有机物，酸可分为无机酸和有机酸。最常见的有机酸是羧酸，其酸性源于羧基（—COOH）。磺酸（$-SO_3H$）等也属于有机酸。有机酸可与醇反应生成酯。

根据是否含氧分为含氧酸和无氧酸，含氧酸（如硫酸 $H_2SO_4$、碳酸 $H_2CO_3$ 等）无氧酸（如盐酸 HCl、氢氟酸 HF 等）

根据酸性强弱（是否能完全电离）将酸分为强酸（HCl 等）、中强酸（$H_3PO_4$ 等）、弱酸（$H_2CO_3$ 等）。

根据是否是中心原子的电子分为强氧化性酸（$HNO_3$ 等）和非强氧化性酸。

2．酸的用途和使用

（1）酸的用途

酸的用途很广，许多工业和实验室都要用酸，常用的有硫酸、盐酸、硝酸。许多化学反应在水溶液中进行，pH 值很重要。如将二氧化碳通入含 $Ca^{2+}$ 的溶液，能否得到碳酸钙沉淀，取决于溶液的 pH，某些反应须在恒定的 pH 下进行，为此常用弱酸、弱碱及其盐的溶液作缓冲溶液。正常人的血液 pH＝7.4（其中含有 HCO、HPO 和 HPO），pH 稍微变动就会生病。

（2）酸的使用

1）操作酸时要戴防护手套。如酸为强腐蚀性且易挥发，须戴化学安全防护眼镜；如酸液有毒，应戴防毒口罩。

2）如果酸液滴在皮肤上，需立即用大量水冲洗，并用 5% 的碳酸氢钠溶液冲洗，严重时需要就医。

3）如果滴在皮肤上的酸是浓硫酸，需先用干抹布轻轻擦去，再进行冲洗。

4）如果酸液滴在眼睛里，必须立即提起眼睑，用大量水冲洗，并不时转动眼球，然后及时就医。

5）如果滴在皮肤上的酸是氢氰酸，必须立即冲洗干净，并立即吸入亚硝酸异戊酯解毒，立即就医。

6）绝对不能用手触摸或用嘴去尝酸液。

7) 酸液滴在皮肤上时,绝对不能用碱去中和,避免放热烧伤。

3. 常用的酸

工业中常用的酸主要有硝酸、盐酸、硫酸等,放射性废液整备中使用最多的为硝酸,在废液调料、设备管道阀门清洗去污中多使用硝酸。

(1) 硝酸的规格:硝酸浓度<69%(浓度低于 8 mol/L)的为稀硝酸;在 69%以上(浓度高于 8 mol/L)的为浓硝酸;85%以上的硝酸又叫发烟硝酸。

(2) 硝酸的特性:纯硝酸是无色油状液体,开盖时有烟雾,挥发性酸,硝酸具有强腐蚀性、强酸性、不稳定性和强氧化性。

1) 强腐蚀性:能严重损伤金属、橡胶和肌肤,因此不得用胶塞试剂瓶盛放硝酸。

2) 强酸性:在水溶液里完全电离。

3) 不稳定性:遇光和热时分解,生成二氧化氮、氧气和水,要避光保存。

4) 强氧化性:能氧化活泼金属,且无 $H_2$ 放出,硝酸能与除金、铂、钛等外的大多数金属反应。

## 二、碱

1. 碱的分类

(1) 按一个碱分子电离出氢氧根离子的个数分:一元碱、二元碱、多元碱。

(2) 按溶解性分:可溶性碱、微溶性碱、难溶性碱。

(3) 按电离能力分:强碱、弱碱。

(4) 按用途分:工业碱、食用碱。

1) 工业碱:是行业内习惯性叫法,涵义比较笼统,它可以是很多种产品,但一般是指三碱:工业纯碱(碳酸钠 $Na_2CO_3$)、工业烧碱(氢氧化钠 NaOH)、工业重碱(碳酸氢钠 $NaHCO_3$)。不管是哪种产品,工业碱都是纯度和杂质(可能含有重金属等)含量满足一般性工业使用的碱,工艺相对简单,可以进行大规模工业生产,对人体有危害。

2) 食用碱:食用纯碱(碳酸钠 $Na_2CO_3$)和食用小苏打(碳酸氢钠 $NaHCO_3$)。食用碱不像工业碱含有对人体有害的杂质。

2. 碱的使用

(1) 操作碱时要戴防护手套。如碱易挥发,需戴化学安全防护眼镜;如碱液有毒,应戴防毒口罩。

(2) 如果碱液滴在皮肤上,需立即用大量水冲洗,并用红醋冲洗,严重时需要就医。

(3) 如果碱液滴在眼睛里,必须立即提起眼睑,用大量水冲洗,并不时转动眼球,然后及时就医。

(4) 绝对不能用手触摸或用嘴去尝碱。

(5) 碱液滴在皮肤上时,绝对不能用酸去中和,避免放热烧伤。

(6) 盛放碱的试剂瓶绝对不能用玻璃塞,否则会打不开。

3. 常用的碱

工业中使用较多的碱主要为氢氧化钠(NaOH),又叫烧碱。

烧碱为固体,可配制成不同浓度氢氧化钠溶液。

特性：常温下是一种白色晶体，具有强腐蚀性。易溶于水，其水溶液呈强碱性，能使酚酞变红，一般为片状或颗粒形态，烧碱易吸取空气中的水蒸气潮解，吸收空气中的二氧化碳发生变质。

市售的氢氧化钠溶液浓度多为30%。氢氧化钠的最大浓度为50%（约20 mol/L），该浓度为氢氧化钠在水中的最大溶解度，又叫饱和氢氧化钠溶液。

## 三、水泥

1. 特性

水泥为粉状水硬性无机胶凝材料。加水搅拌后成浆体，能在空气中硬化或者在水中更好的硬化，并能把砂、石等材料牢固地胶结在一起，普通的水泥耐冻性好、耐热性差、耐腐蚀性差；矿渣水泥耐热性好、耐冻性差，抗硫酸盐类侵蚀好、抗水性较好。

2. 水泥的分类

(1) 按用途及性能分

1) 通用水泥：一般土木建筑工程通常采用的水泥。通用水泥主要是指：GB 175—2007规定的六种规格的水泥，即硅酸盐水泥、普通硅酸盐水泥、矿渣硅酸盐水泥、火山灰质硅酸盐水泥、粉煤灰硅酸盐水泥和复合硅酸盐水泥。

2) 专用水泥：专门用途的水泥。如G级油井水泥、道路硅酸盐水泥。

3) 特性水泥：某种性能比较突出的水泥。如快硬硅酸盐水泥、低热矿渣硅酸盐水泥、膨胀硫铝酸盐水泥、磷铝酸盐水泥和磷酸盐水泥。

(2) 水泥按其主要水硬性物质名称分

1) 硅酸盐水泥，即国外通称的波特兰水泥；

2) 铝酸盐水泥；

3) 硫铝酸盐水泥；

4) 铁铝酸盐水泥；

5) 氟铝酸盐水泥；

6) 磷酸盐水泥。

7) 以火山灰或潜在水硬性材料及其他活性材料为主要组分的水泥。

(3) 普通硅酸盐水泥

普通硅酸盐水泥的强度等级分为42.5、42.5 R、52.5、52.5 R、62.5、62.5 R六个等级。

水泥固化常用的水泥为代号为P·O 42.5，其中P·O表示普通硅酸盐水泥，42.5为强度等级，表示28 d的抗压强度≥42.5 MPa。

3. 水泥的用途

用水泥胶结碎石制成的混凝土，硬化后不但强度较高，而且还能抵抗淡水或含盐水的侵蚀。长期以来，它作为一种重要的胶凝材料，广泛应用于土木建筑、水利、国防等工程。

4. 水泥的使用

使用水泥时要注意水泥的等级，不同等级的水泥的化学成分不同，不同等级的水泥加水量不同，其凝固的时间也不同；不同品种水泥不得混用，水泥使用时加水不要太多，水灰比大了会影响水泥的强度。水泥固化后要洒水养护，最少一周。

## 四、粉煤灰

1. 特性

粉煤灰是指煤燃烧后的从烟气中收捕下来的细灰,粉煤灰是燃煤电厂排出的主要固体废物。粉煤灰呈灰褐色,通常呈酸性,尺寸从几百微米到几微米,通常为球状颗粒,主要成分为 $SiO_2$、$Al_2O_3$ 和 $Fe_2O_3$,有些时候还含有比较高的 CaO。粉煤灰的规格主要有一级灰、二级灰、三级灰,其中一级、二级灰是制作水泥、玻璃、陶粒等的原料,三级灰一般用于制做砖块。

2. 分类

根据粉煤灰中含游离氧化钙的含量来划分,分为 F 类(低钙灰)、C 类(高钙灰)和复合灰。

3. 用途

用作建筑原料:在混凝土中掺加粉煤灰可节约大量的水泥和细骨料,并减少用水量;能改善了混凝土拌和物的和易性;增强混凝土的可泵性;减少了混凝土的徐变;减少水化热、热能膨胀性;提高混凝土抗渗能力;增加混凝土的修饰性。

用作生产原料:粉煤灰是无机防火保温板的一种生产原料。

做造纸原料:粉煤灰作为一种新的造纸原料,能够提高纸张抗拉强度和内部黏结强度。

4. 使用

使用时应注意粉煤灰的等级,粉煤灰存放期达 3 个月,需对其进行再次检验。

## 五、玻璃

1. 特性

玻璃在常温下是一种透明的固体,主要成分是二氧化硅,特性如下:

(1) 各向同性:均质玻璃在各个方向的性质如折射率、硬度、弹性模量、热膨胀系数等性能相同。

(2) 介稳性:当熔体冷却成玻璃体时,它能在较低温度下保留高温时的结构而不变化。

(3) 可逆渐变性:熔融态向玻璃态转化是可逆和渐变的。

(4) 连续性:熔融态向玻璃态转变时物理化学性质随温度变化是连续的。

2. 分类

玻璃按性能特点可分为:钢化玻璃、多孔玻璃(即泡沫玻璃,孔径约 40,用于海水淡化、病毒过滤等方面)、导电玻璃(用作电极和飞机风挡玻璃)、微晶玻璃、乳浊玻璃(用于照明器件和装饰物品等)和中空玻璃(用作门窗玻璃)等。

放射性废液整备中常用的玻璃为:硅酸盐玻璃、硼酸盐玻璃、硼硅酸盐玻璃。

3. 用途

广泛用于建筑、日用、医疗、化学、电子、仪表、核工程等领域。

(1) 建筑玻璃。如窗玻璃、平板玻璃、空心玻璃砖、隔声隔热的泡沫玻璃等。钢化玻璃、磨光玻璃、夹层玻璃等可用在各种运输工具上。

(2) 玻璃纤维和玻璃钢玻璃纤维是电器绝缘、化工过滤和隔声、隔热、耐蚀的优良材料。玻璃纤维与各种树脂制成的玻璃钢，具有重量轻、强度高、耐蚀、耐热的特点，用于制造绝缘器件和各种壳体。

(3) 试验用具用于玻璃化学仪器、温度计等。

(4) 光学玻璃。用于生产显微镜、望远镜、照相机等各种复杂的光学仪器。

(5) 日用玻璃。如瓶罐、器皿、保温瓶、工艺美术品等。

# 第二节　化工常用设备

**学习目标：**了解化工常用流体输送设备常用离心泵、往复泵、真空泵、喷射泵、通风机、压缩机、鼓风机等结构的组成、特性，掌握其使用、维护和故障处理要求。了解常用阀门的种类结构，掌握其操作及维护方式，以便正确使用。

## 一、流体输送设备

流体以一定流量沿着管道(或明渠)由一处送到另一处，是一种属于流体动力过程的单元操作。化工生产处理的物料多数为流体，按工艺要求在各化工设备和机器之间输送这些物料，是实现化工生产的重要环节。化工生产中物料的种类很多，被输送流体的性质如密度、黏度、毒性、腐蚀性、易燃性与易爆性等各不相同，而且流体的压力从高真空到上百兆帕，每小时的输送量从 $10^{-3}\sim10^{4}\,m^3$，范围跨度较大，所以输送流体所用的流体输送机械有多种形式。通常，将输送液体的机械称为泵，将输送气体的机械按其产生的压力高低分别称之为通风机、鼓风机、压缩机和真空泵。

## 二、固体输送设备

1. 概念

利用输送设备将固体物料从一个位置转移到另一个位置的过程。

2. 分类

固体输送设备主要有以下几种设备：

(1) 带式输送设备

可以是皮带辊或链条带动的输送工具，如刮板输送机、O 型带输送机。

(2) 气动输送设备

直接用密闭管道以气体为动力输送固体物料。

(3) 斗式输送设备

用循环料斗向上提升散状固体物料，如斗式提升机、螺旋输送机等。

(4) 重力输送设备

直接依靠物料自身重力由上向下卸料。

## 三、常用泵的种类及特性

(1) 容积式泵：利用泵内工作室容积的周期性变化而提高液体压力，达到输液的目的，如活塞泵、柱塞泵、隔膜泵、齿轮泵、螺杆泵等。

(2) 叶片式泵:一种依靠泵内做高速旋转的叶轮把能量传给液体,进行液体输送的机械,如离心泵、轴流泵、混流泵及旋涡泵等。

(3) 其他类型的泵:包括一些利用流体的动能来输送液体的流体动力作用泵,如喷射泵、空气升液器等。同时还有一些为特殊设备而制造的专用泵。

各种类型的泵都有各自的特点和应用范围。常用的泵中,离心泵主要用于大、中等流量和中等扬程的场合;往复泵主要用于小流量、高扬程的场合;齿轮泵等转子泵用于小流量、中等扬程的场合。其中叶片式离心泵在工程中应用最为普遍。

在化工生产中,其原料、中间产品和最终产品中许多是液体,例如水、有机溶液和各种酸、碱、盐溶液等。要实现生产的连续化,就必须根据生产过程的要求,用泵将这些液体物料从一处送到另一处,或从压力较低的设备送入压力较高的设备,因此泵在化工生产过程中占有极为重要的地位。一般要求为:

(1) 耐腐蚀;

(2) 耐高温或低温;

(3) 无泄漏或少泄漏;

(4) 流量和出口压力能相应调整;

(5) 较高的抗气蚀性能。

常用的泵包括:离心泵、往复泵、真空泵。

1. 离心泵

离心泵在化工生产中应用最为广泛,这是因为它具有以下优点:结构简单,操作容易,便于调节和自控;流量均匀,输液效率较高;流量和压头的适用范围较广;用于输送腐蚀性或含有悬浮物的液体。

(1) 离心泵的主要部件

离心泵的主要部件有叶轮、泵壳和轴封装置。

叶轮是离心泵的关键部件,其作用是将原动机的机械能传给液体,以增加液体的静压能和动能。叶轮通常有 6～12 片的后弯叶片组成。按其机械结构可分为闭式、半闭式和开式三种叶轮,离心泵的叶轮如图 3-1 所示。闭式叶轮适用于输送清洁液体,开式和半闭式叶轮适用于输送含有固体颗粒的液体悬浮液。按吸液方式不同,叶轮分为单吸式和双吸式两种,离心泵的吸液方式如图 3-2 所示。

(a)　　(b)　　(c)

图 3-1　离心泵的叶轮

(a) 闭式;(b) 半闭式;(c) 开式

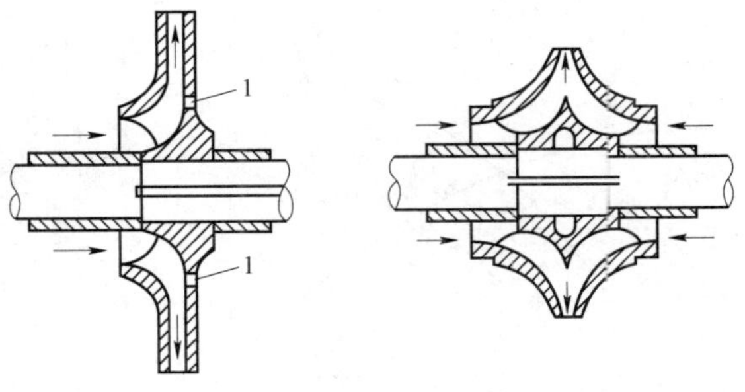


图 3-2　离心泵的吸液方式

(a) 单吸式；(b) 双吸式

泵壳内有一个蜗壳形通道，故又称为蜗壳。叶轮在泵壳内沿着蜗壳形通道逐渐扩大的方向旋转，愈接近液体的出口，流道截面积愈大。流体离开叶轮后进入截面积逐渐增大的蜗壳通道中，流速逐渐降低，部分动能转化为静压能。

导轮是安装在泵壳与叶轮之间的一个固定不动并有叶片的圆盘，仅用于较大的泵中。

泵壳与轴要密封好，以免液体漏出泵外，或外界空气漏进泵内。

轴封装置泵轴与泵壳间的密封，主要防止泵壳内液体沿轴漏出或外界空气进入泵壳内。

(2) 离心泵的主要性能参数

为了正确选择和使用离心泵，需要了解离心泵的性能。离心泵的主要性能参数为流量、扬程、功率和效率。

泵的流量(又称送液能力)是指单位时间内泵输送液体的体积。用符号 $Q$ 表示，单位为 $m^3/s$ 或 $m^3/h$。

离心泵的流量取决于泵的结构、尺寸(主要是叶轮的直径和叶片的宽度)和转速等。泵的流量不是一个固定值，而是在一定范围内变动。

泵的扬程(又称泵的压头)是指单位重量液体在流过泵后获得的能量，用符号 $H$ 表示，单位为 m 液柱。

扬程与升扬高度不是一个概念。用泵将液体从低处送到高处的垂直距离，称为升扬高度。升扬高度与泵的扬程和管路特性有关，泵运转时，其升扬高度一定小于扬程。

单位时间内离心泵对液体所做的功，称为有效功率，以 $N_e$ 表示，单位为 W。泵的有效功率可写成 $N_{有效}$。

液体在泵内流动的过程中，由于泵内有各种能量损失，泵轴从电机得到的轴功率，没有全部为液体所获得。泵的功率就是反映这种能量损失的。泵内部损失主要有三种，即容积损失、水力损失和机械损失。

离心泵的特性曲线是压头、轴功率、效率和流量之间的关系曲线，离心泵的特性曲线如图 3-3 所示。通常特性曲线图附在泵的样本或产品说明书中。特性曲线由实验获得，离心泵的特性曲线是用 20°C 的清水作为工质在某恒定转速下测得。

(3) 离心泵的启停操作

1) 操作前检查

① 检查各连接螺栓有无松动，各种仪表是否完好。

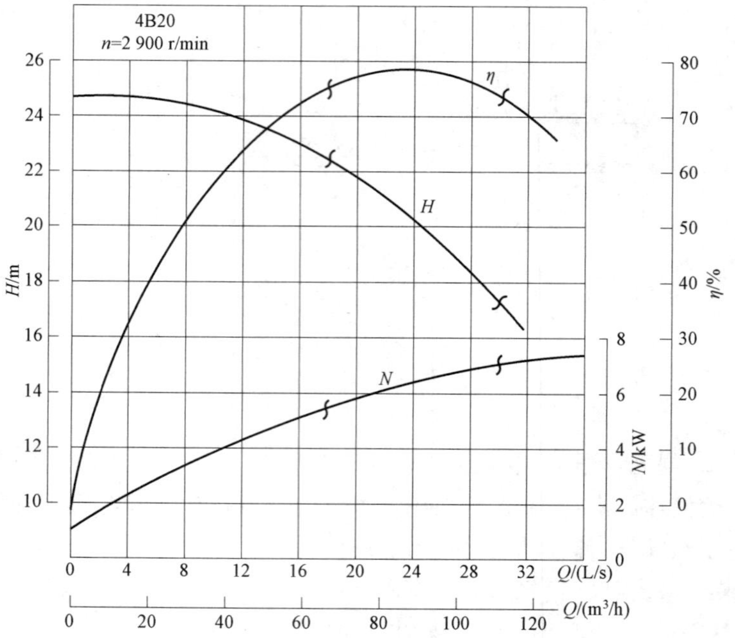


图 3-3 离心泵的特性曲线

② 检查各润滑部位的润滑油(脂)是否足量。

③ 检查各部位电器是否完好。

④ 电工穿戴绝缘胶鞋、手套,检查电机绝缘电阻是否符合要求。

⑤ 是高压电机的,应与变电所联系,确定启泵时间及使用电源线路。

⑥ 有辅助润滑系统或辅助冷却系统的,应检查辅助系统是否灵活好用。

⑦ 较长时间停运的泵应盘车 3~5 圈,转动应灵活无卡阻现象。

⑧ 倒好管路流程,关闭出口阀门及回流阀。

⑨ 对泵进行排空或灌泵。

2）操作步骤

① 有辅助润滑系统或辅助冷却系统的,先启动辅助系统正常。

② 按与变电所确定的时间,到达指定位置,准备启动(是高压电机的离心泵,应由电工操作电气部分)。

③ 按启劫按钮,观察电流变化,如超值立即停泵,排除故障后再启动。待出口压力稳定后平稳开启出口闸门,调整泵的出口阀或回流阀、电机频率,直到满足生产要求并保证泵在最合理的参数下运行。

3）操作后检查

① 泵启动运转后,应通过“听、看、摸、闻”检查泵上液体、润滑、冷却水、盘根温度、盘根漏失、各轴承温度等情况。

② 泵、电机的滚动轴承温度不得超过 80 ℃(滑动轴承温度不超过℃)。

③ 观察供液系统的液面情况,防止抽空烧泵,确保机泵内无杂音、焦味和烟气。

④ 电机在额定电压的－5％～＋10％范围内运行,电机定子温度不超过铭牌要求。

4）风险识别

① 开关阀门未侧身，会造成压力伤人；

② 操作时未使用防爆工具；

③ 启停设备时未站在绝缘胶皮上。

5）防范措施

① 开关阀门时应侧身，避免压力伤人。

② 进行相关操作时，应使用防爆工具。

③ 启停设备时必须站在绝缘胶皮上，以免发生触电事故。

6）应急处理

① 发生机械伤害时立即采取措施使伤者脱离危险区域，进行应急救治包扎后送往医院救治。

② 人员触电后，立即切断相关电源或使伤者脱离电源，然后对伤者进行救护，严重时送往医院。

7）停车

① 缓慢关闭吐出口管路闸阀（如果泵在倒灌情况下使用，还要关闭吸入管路的闸阀）、并关闭各种仪表的开关。

② 切断电源，关闭电机。

③ 如果密封采用外部引液时，还要关闭引液阀门。

④ 如果环境温度低于液体凝固点时，要放净泵内的液体，以防冻裂。

⑤ 如果长时间停车不用，除将泵内的腐蚀性液体放净外，各零部件应拆卸清洗干净，尤其是密封腔。最好是将泵拆下清洗后重新装好，除涂油防锈处理和封闭泵进、出口外，还应定期检查。

2. 往复泵

往复泵包括活塞泵和柱塞泵，适用于输送流量较小、压力较高的各种介质。当流量小于100 $m^3/h$、排出压力大于10 MPa时，有较高的效率和良好的运行性能。

往复泵由液力端和动力端组成。液力端直接输送液体，把机械能转换成液体的压力能；动力端将原动机的能量传给液力端。动力端由曲轴、连杆、十字头、轴承和机架等组成。液力端由液缸、活塞（或柱塞）、吸入阀和排出阀、填料函和缸盖等组成。

（1）往复泵的工作原理

往复泵的工作原理如图3-4所示，当曲柄以某角速度逆时针旋转时，活塞向右移动，液缸的容积增大，压力降低，被输送的液体在压力差的作用下克服吸入管路和吸入阀等的阻力损失进入到液缸。当曲柄转过180°以后活塞向左移动，液体被挤压，液缸内液体压力急剧增加，在这一压力作用下吸入阀关闭而排出阀被打开，液缸内液体在压力差的作用下被排送到排出管路中去。当往复泵的曲柄以角速度∞不停地旋转时，往复泵就不断地吸入和排出液体。

（2）往复泵的分类

1）按工作机构可分为活塞泵、柱塞泵和隔膜泵；按作用特点可分为单作用泵、双作用泵和墨动泵；按缸数可分为单缸泵、双缸泵和多缸泵。

2）根据动力端特点可分为曲柄连杆机构、直轴偏心轮机构等。

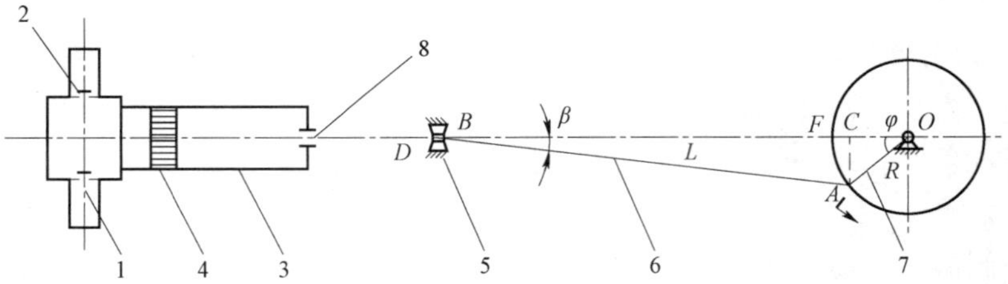


图 3-4　往复泵的工作原理

1—吸入阀;2—排出阀;3—液缸;4—活塞;5—十字头;6—连杆;7—曲轴;8—填料函

3) 根据驱动特点可分为电动往复泵、蒸汽往复泵和手动泵等。

4) 根据排出压力 $P_d$大小可分为低压泵($P_d \leqslant 4$ MPa)、中压(4 MPa$<P_d<$32 MPa)、高压泵(32 MPa$\leqslant P_d<$100 MPa)和超高压泵($P_d \geqslant$100 MPa)。

5) 根据活塞(或柱塞)每分钟往复次数可分为低速泵($n \leqslant$80 r/min)、中速泵(80 r/min$<n<$250 r/min)、高速泵(250 r/min$\leqslant n<$550 r/min)和超高速泵($n \geqslant$550 r/min)。

3. 真空泵

(1) 水环真空泵

水环真空泵的外壳呈圆形,其内部偏心安装一叶轮,叶轮的叶片呈辐射状,水环真空泵如图 3-5 所示。水环泵工作时,泵内注入一定量的水,当叶轮旋转时,由于离心力的作用,将水甩至壳壁形成水环。水环具有密封作用,可以使叶片间的空隙形成许多大小不同的密封室,由于叶轮的旋转运动,密封室由小变大形成真空,将气体从吸入口吸入,继而密封室由大变小,气体由压出口排出。水环泵运转时,要不断充水以维持泵内液封,同时也起冷却的作用。

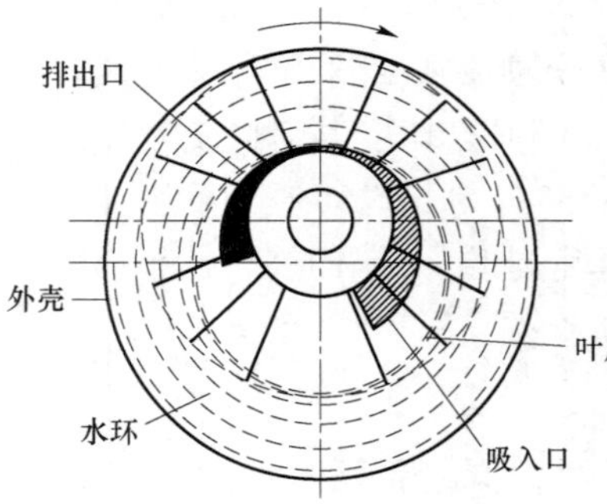


图 3-5　水环真空泵图

(2) 喷射泵

喷射泵是利用高速流体的静压能与动能转换的原理来吸、送流体的。喷射泵构造简单、紧凑、无活动部件。喷射泵的工作流体可以是蒸汽(见图 3-6),也可以是液体。在化工厂,喷射泵可用于抽吸含有灰尘以及腐蚀性、易燃、易爆的气体,离心泵还可用于抽真空。单级喷射泵仅能达到 90%的真空度,为获得更高的真空度,可将几个喷射泵串联起来使用。

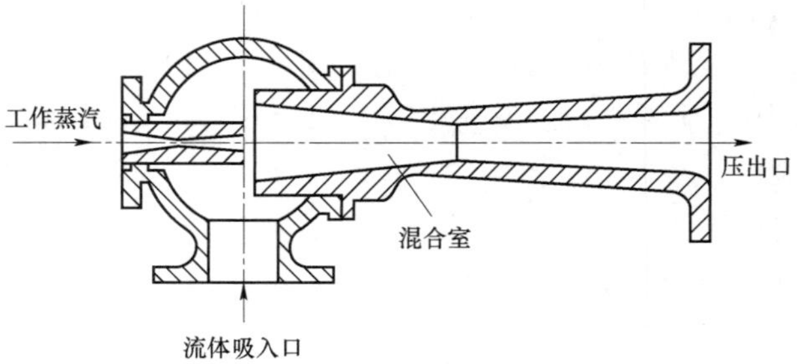


图 3-6　喷射泵

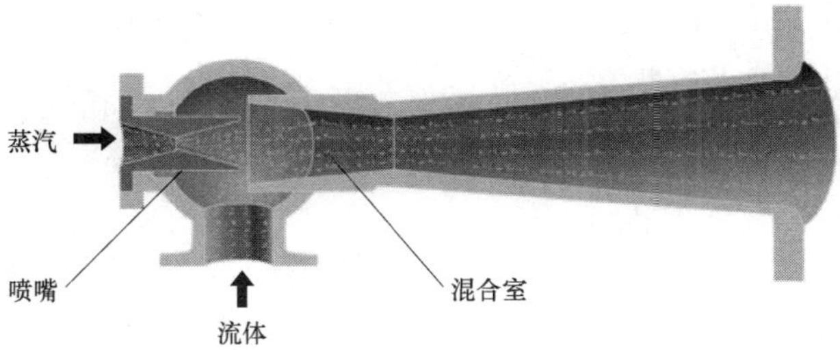


图 3-7　蒸汽喷射泵

## 四、气体输送机械

气体输送机械包括通风机和空气压缩机，通风机有离心式、轴流式两类，压缩机有离心式和螺杆式两类。

1. 离心式通风机

离心式通风机的结构和工作原理都与离心泵很相似。低压离心通风机如图 3-8 所示。壳内快速旋转的叶轮带动气体做旋转运动，由于离心力的作用，在进风口处形成低压，气体被吸入，出风口处气体压强升高而被排出。

离心式通风机的主要性能参数有风量、风压、轴功率和效率。

风量是单位时间内从风机出口排出的气体体积，但以风机进口处的气体状态计量，以 $Q$ 表示，单位为 $m^3/h$。

风压是单位体积的气体流过风机时所获得的能量，以 $H_T$ 表示，单位为 $J/m^3$(Pa)，习惯上用 $mmH_2O$ 来表示。离心机的风压取决于风机的机构、叶轮尺寸、转速和进入风机的气体密度。一般情况下通过测量风机进、出口处的流速和压强的数值，然后利用伯努利方程式可以导出风压的计算公式。

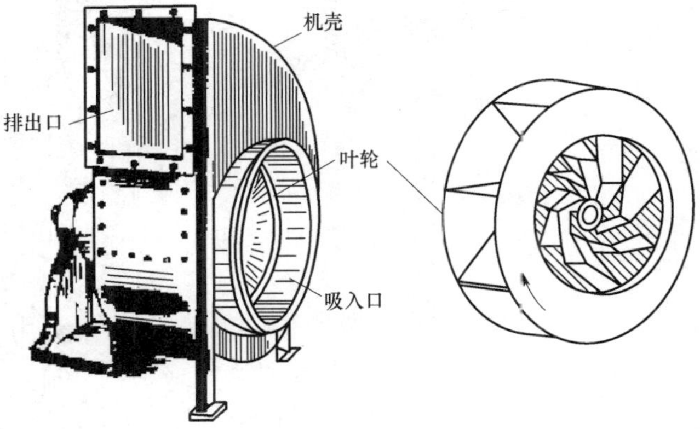


图 3-8　低压离心通风机

轴功率是指离心通风机的输入功率，通风机全压效率，简称效率，是通风机的有效功率 $P_e$ 与通风机的轴功率 $N$ 之比。有效功率 $P_e$ 为通风机所输送的气体，在单位时间内从通风

机所获得的有效能量,单位为 kW,$P_e=(H_TQ)/1\,000$

离心通风机的轴功率与效率的关系式为:

$$N=H_TQ/(1\,000\ \eta)$$

式中,$N$——轴功率,kW;

$Q$——风量,$m^3/s$;

$H_T$——风压,Pa;

$\eta$——效率(全压效率)。

2. 轴流式风机

轴流式风机(见图 3-9)是指风机内气流在运行时与风叶轴同方向(即风的流向和轴平行)的风机,如电风扇,空调外机风扇就是轴流方式运行风机。轴流式风机又叫局部通风机,它不同于一般的风机,它的电机和风叶都在一个圆筒里,外形就是一个筒形,用于局部通风,安装方便,通风换气效果明显,性能安全,可以接风筒把风送到指定的区域。它的特点是流量大、压头小。

图 3-9　轴流风机电机及风叶

轴流式通风机主要由轮毂、叶片、轴、外壳、集风器、流线体、整流器、扩散器以及进风口和叶轮组成。进风口由集风器和流线体组成,叶轮由轮毂和叶片组成。叶轮与轴固定在一起形成通风机的转子,转子支承在轴承上。当电动机驱动通风机叶轮旋转时,就有相对气流通过每一个叶片。轴流风机结构如图 3-10 所示。

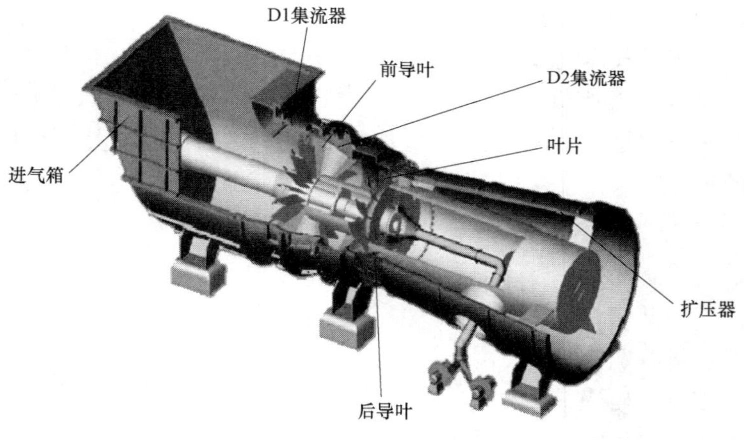


图 3-10　轴流风机结构图

轴流式风机叶片的工作方式与飞机的机翼类似。但是,后者是将升力向上作用于机翼上并支撑飞机的重量,而轴流式风机则固定位置并使空气移动。气流由集流器进入轴流风机,经前导叶获得预旋后,在叶轮动叶中获得能量,再经后导叶,将一部分偏转的气流动能转变为静压能,最后气体流经扩散筒,将一部分轴向气流的动能转变为静压能后输入到管路中。

3. 鼓风机

鼓风机在工厂中常用的鼓风机有旋转式(罗茨鼓风机)和离心式两种类型。

（1）罗茨鼓风机

罗茨鼓风机是应用最广的一种旋转式鼓风机，其结构见图 3-11，工作原理与齿轮泵极为相似。两转子之间、转子与机壳之间的缝隙很小，当转子自由转动时，可将机壳与转子之间的气体强行排出。两转子的旋转方向相反，可使气体从机壳一侧吸入，从另一侧排出。如果改变转子的旋转方向，则吸入口与排出口可互换。

（2）离心式鼓风机

离心鼓风机又称透平鼓风机，其工作原理与离心通风机的相同。图 3-12 所示为一台五级离心鼓风机的示意图。气体由吸入口进入后，经过第一级的叶轮和导轮，然后转入第二级叶轮入口，再依次逐级通过以后的叶轮和导轮，最后由排气排出。

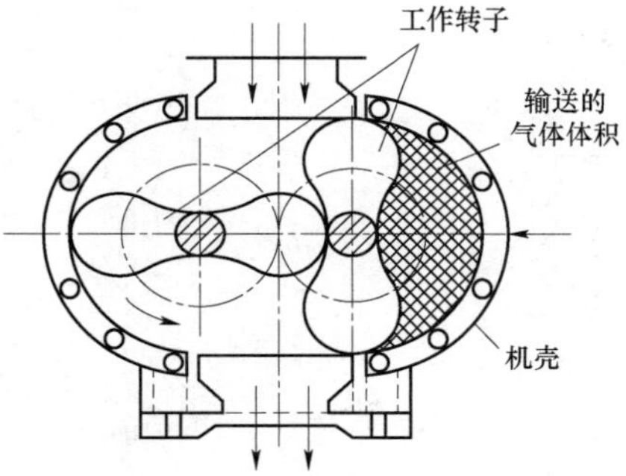

图 3-11　罗茨鼓风机

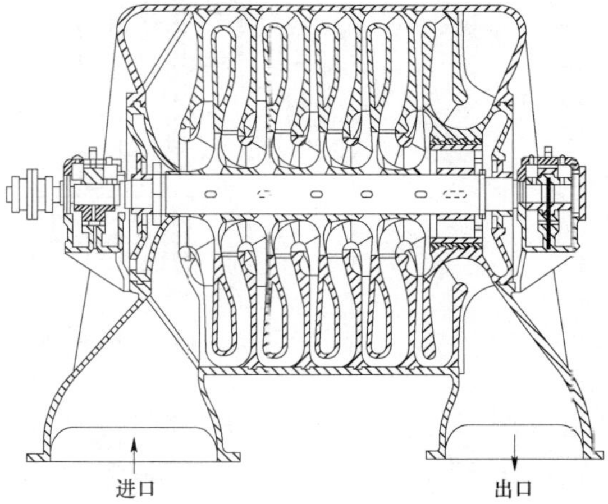

图 3-12　五级离心鼓风机

4. 离心式压缩机

离心式压缩机又称内透平压缩机，其主要构造、工作原理都与离心式通风机相似。其工作原理为：当叶轮高速旋转时，气体随着旋转，在离心力作用下，气体被甩到后面的扩压器中去，而在叶轮处形成真空地带，这时外界的新鲜气体进入叶轮。叶轮不断旋转，气体不断地吸入并甩出，从而保持了气体的连续流动。只是离心压缩机的叶轮级数多，另外离心压缩机还采用高转速运行，故能产生更高的压强。与往复式压缩机相比，离心式压缩机具有体积小、重量轻、流量大而均匀，可连续运转且安全可靠、检修维护简易、压缩气不受机本内润滑油污染等一系列优点。图 3-13 所示为立式单动双缸压缩机示意图。

5. 螺杆式压缩机

螺杆式压缩机又称螺杆压缩机，分为单螺杆式压缩机及双螺杆式压缩机。螺杆式压缩机汽缸内装有一对互相啮合的螺旋形阴阳转子，两个转子都有几个凹形齿，两者互相反向旋转。转子之间和机壳与转子之间的间隙仅为 5～10 丝，主转子（又称阳转子或凸转子），通过由发动机或电动机驱动（多数为电动机驱动），另一个转子（又称阴转子或凹转子）是由主转子通过喷油形成的油膜进行驱动，或由主转子端和凹转子端的同步齿轮驱动。所以驱动中没有金属接触（理论上）。转子的长度和直径决定压缩机排气量（流量）和排气压力，转子越长，压力越高；转子直径越大，流量越大。

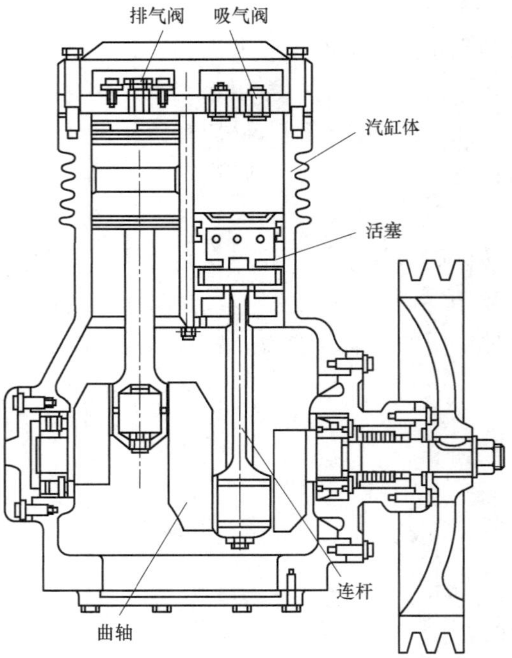


图 3-13 立式单动双缸压缩机

螺旋转子凹槽经过吸气口时充满气体。当转子旋转时，转子凹槽被机壳壁封闭，形成压缩腔室，当转子凹槽封闭后，润滑油被喷入压缩腔室，起密封、冷却和润滑作用。当转子旋转压缩润滑剂和气体(简称油气混合物)时，压缩腔室容积减小，向排气口压缩油气混合物。当压缩腔室经过排气口时，油气混合物从压缩机排出，完成一个“吸气—压缩—排气”过程。

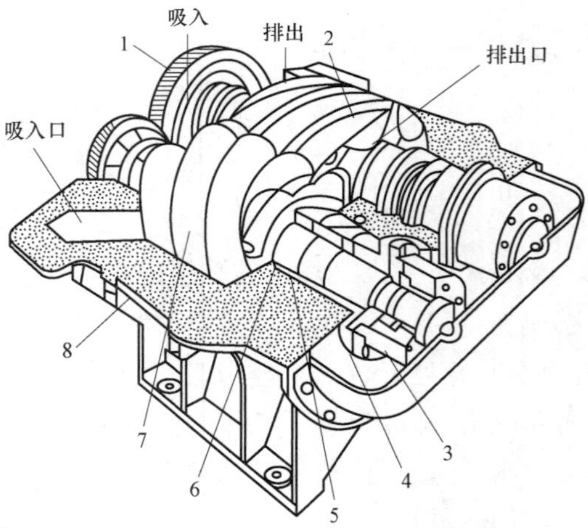


图 3-14 螺杆式空压机结构图

1—同步齿轮；2—阴转子；3—推力轴承；4—轴承；5—挡油环；6—轴封；7—阳转子；8—汽缸

螺杆机的每个转子由减摩轴承所支承，轴承由靠近转轴端部的端盖固定。进气端由滚柱轴承支承，排气端由一以对靠的贺锥滚柱支承，通常是排气端的轴承使转子定位，也就是止推轴承抵抗轴向推力，承受径向载荷，并提供必需的轴向运行最小间隙。

工作循环可分为吸气、压缩和排气三个过程。随着转子旋转，每对相互啮合的齿相继完成相同的工作循环。结构如图 3-14 所示。

## 五、阀门

阀门是流体输送系统中的控制部件，具有截止、调节、导流、防止逆流、稳压、分流或溢流泄压等功能。用于流体控制系统的阀门，从最简单的截止阀到极为复杂的自控系统中所用的各种阀门，其品种和规格相当繁多。阀门可用于控制空气、水、蒸汽、各种腐蚀性介质、泥浆、油品、液态金属和放射性介质等各种类型流体的流动。阀门根据材质还分为铸铁阀门、铸钢阀门、不锈钢阀门（201、304、316 等）、铬钼钢阀门、双相钢阀门、塑料阀门、非标订制阀门等。

1. 阀门的基本参数

阀门的基本参数是公称通径、公称压力、工作温度和适用介质。

（1）公称通径：阀门的进出口通道的名义直径叫作阀门的公称通径，用 $D_g$ 表示（试用国标为 $D_N$），单位为 mm。在一般情况下，阀门的公称通径等于实际进出口通径，但也有些阀门因结构特点，其实际通径与公称通径不相等，而选用了规定系列的近似值。国标 GB 1074—70 对阀门的公称通径作了规定。

（2）公称压力：是指阀门在基准温度状态下的名义压力，用 $P_g$ 表示（试用国标为 $P_N$），单位为 $kgf/cm^2$。国标 GB 1048—70 对阀门的公称压力数值作了规定。

（3）工作温度：制造阀门的材料不同，其温度特性各异，为了保证阀门在某温度下不发生变形和破裂，规定了各种材质阀门的使用温度。灰铸铁阀门的最高使用温度为 300 ℃；碳钢阀门的最高使用温度为 450 ℃；不锈钢阀门的最高使用温度为 600 ℃。

（4）适用介质：在化工生产过程中，通过阀门的介质有的具有极强的腐蚀性，为了保证阀门的使用寿命，选用阀门时要考虑其材质的耐腐蚀性能。

应该说明的是：阀门的最大工作压力不一定等于公称压力，在基准温度下两者相等，当工作温度超过基准温度后，则允许的最大工作压力便有所降低，工作温度越高则允许的工作压力越低。

2. 阀门的种类

阀门的分类有多种方式，可按结构和作用、公称压力、公称通径、工作温度、驱动方式、连接方法、阀体材料等方式进行分类，本书主要按照结构和作用、驱动两种方式进行分类。

（1）根据阀门的结构和作用可分为以下几种。

1）旋塞阀（也称为考克）：它的主要部件为一个空心铸件阀体中插入一个可旋转的圆形旋塞，如图 3-15 所示。旋塞中间有一个孔道，当孔道与管子相通时，物料即沿孔道流过，当旋塞转过 90°，其孔道被阀体挡住，物流即被切断。旋塞的优点是结构简单，启闭迅速，全开时阻力较小，但不能准确调节流量，旋塞易卡住阀体难以转动，密封面易磨损，故旋塞阀一般用在常压、温度不太高和管径较小的场合作开闭用，适宜输送带固体颗粒的流体。

2）截止阀（也称为球心阀）：阀体内有 Z 形隔层，隔层中央有一个圆孔，当阀盘将圆孔堵住，管路内流体就被切断，因此可以通过转动阀杆使阀盘升降，使隔层上开孔的大小发生变化而进行流量调节，如图 3-16、图 3-17 所示。

截止阀的结构较复杂，流体阻力较大，但严密可靠，可耐酸、高温和压力。截止阀常用于输送蒸汽、压缩空气和溶液等，但不应用在黏性大和含有固体物料的液体的输送上，以免使阀座磨损。安装时要注意使流体流向与阀门进出口一致。

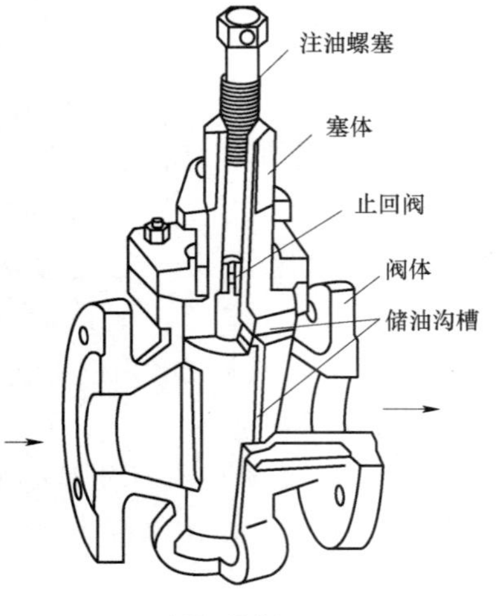


图 3-15　旋塞阀

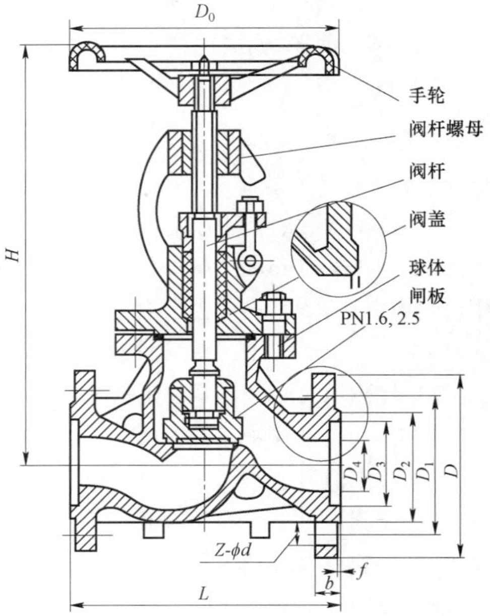


图 3-16　截止阀 a

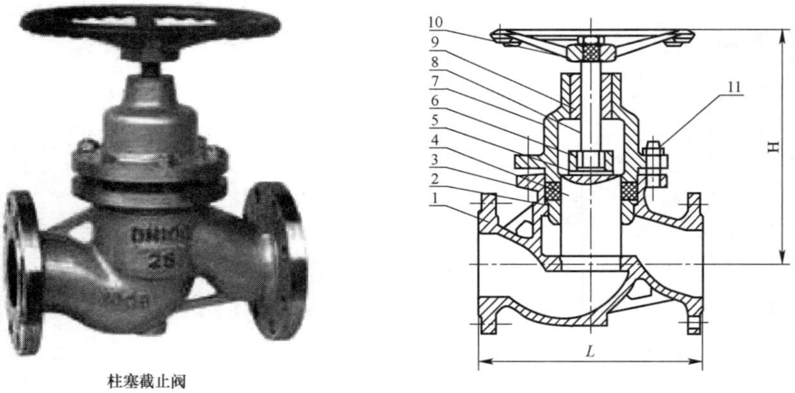


图 3-17　截止阀 b

1—阀体；2—孔架；3—柔性石墨密封环；4—柱塞；5—垫片；6—柱螺母；7—阀盖；8—阀杆；9—盖螺母；10—手轮；11—螺栓

3）闸阀：阀体内装有一个闸板，转动手轮使阀杆下面的闸板上、下升降，从而调节和启闭管内流体流量，如图 3-18 所示。闸阀全开时，流体阻力较小，但制造和修理较困难。阀体较高，占空间较大，价格较贵。闸阀多用在大型管路中作启闭用，不适于输送含颗粒料液及作流量调节使用。

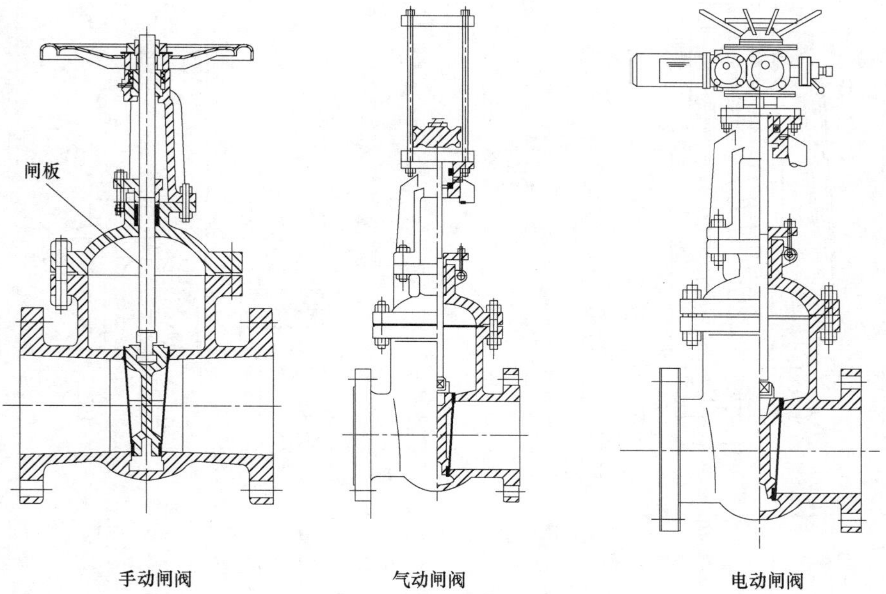


图 3-18　闸阀

4）单向阀：其作用是仅允许流体向一个方向流动，一旦倒流就自动关闭，所以又叫止回阀，其结构如图 3-19 所示。常用于不允许流体反向流动的场合。

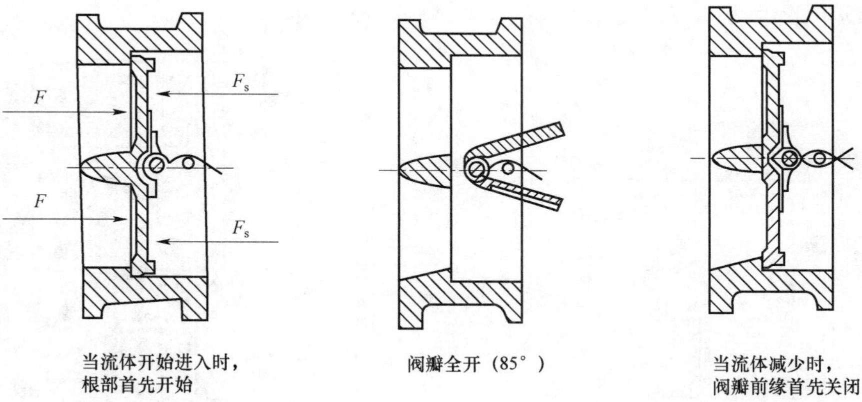


图 3-19　单向阀

5）安全阀：用来防止设备内压力超过规定指标，当压力高于规定指标时，阀门可自动开启，排出多余的流体，压力复原后又自动关闭，是一种安全生产的保险装置，常用在中压和高压操作设备上。常用的安全阀有杠杆式和弹簧式两种．弹簧式安全阀结构如图 3-20 所示。

6）减压阀：能自行降低管路及设备内的高压，使达到规定的低压，其结构如图 3-21 所示。

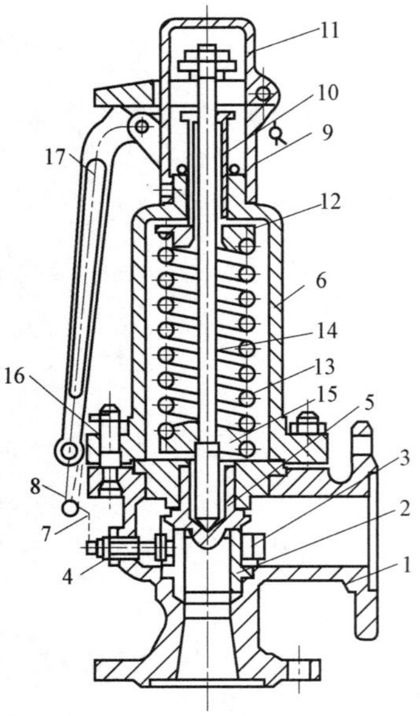


图 3-20　弹簧式安全阀

1—阀体;2—阀座;3—调节齿轮;4—止动螺丝;5—阀盘;6—阀盖;7—铁丝;8—铅封;9—锁紧螺母;10—调节套筒螺栓;11—安全罩;12,15—弹簧座;13—弹簧;14—阀杆;16—导向套;17—扳手

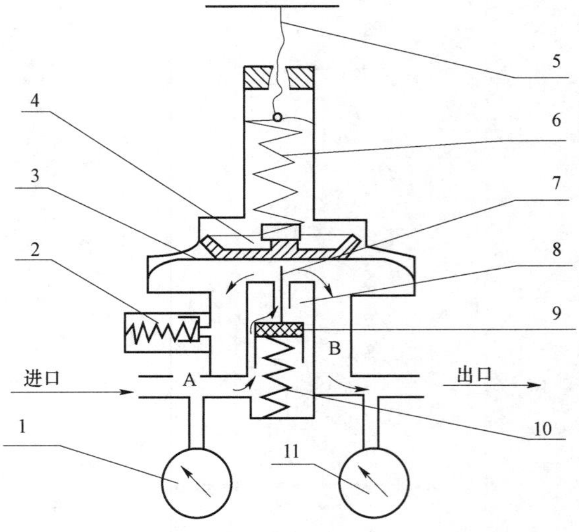


图 3-21　减压阀

1—高压指示压力表;2—安全阀;3—调节磨;4—压板;5—输出调节螺杆;6—输出调节大弹簧;7—阀门顶杆;8—阀门座;9—阀门密封垫;10—阀门密封小弹簧;11—低压指示压力表

7）自动调节阀:配合控制仪表使用的一种流量调节阀,用膜片的运动和弹簧的弹力来调节阀芯的上下运动,从而开启和关闭阀门如图 3-22 所示。

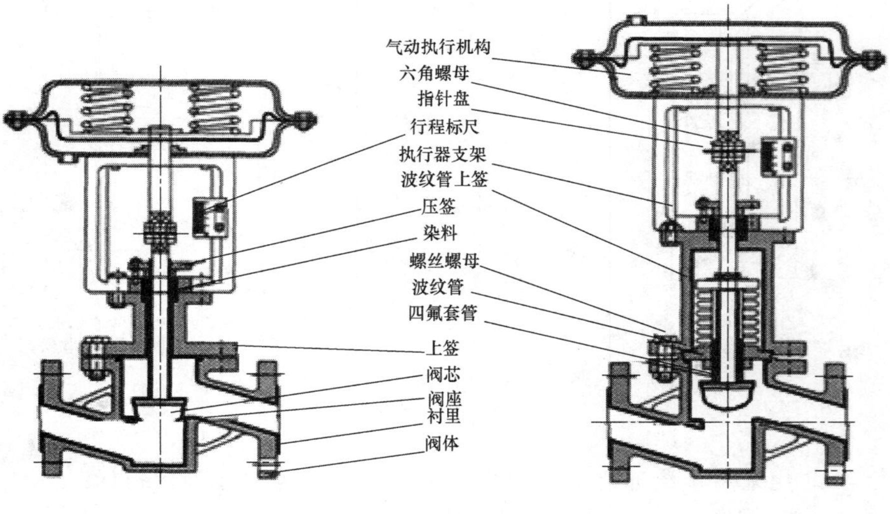


图 3-22　自动调节阀

(a) 普能型气动调节阀;(b) 波纹管气动调节阀

除以上介绍的阀门外,化工生产中常见的阀门还有蝶阀、隔膜阀、疏水阀等。

(2) 按照驱动方式分

按驱动方式分类分为自动阀类、动力驱动阀类和手动阀类。

1）自动阀：指不需要外力驱动，而是依靠介质自身的能量来使阀门动作的阀门。如安全阀、减压阀、疏水阀、止回阀、自动调节阀等。

2）动力驱动阀：动力驱动阀可以利用各种动力源进行驱动。分为电动阀、气动阀、液动阀等。电动阀是借助电力驱动的阀门。气动阀是借助压缩空气驱动的阀门。液动阀是借助油等液体压力驱动的阀门。此外还有以上几种驱动方式的组合，如气-电动阀等。

3）手动阀：手动阀借助手轮、手柄、杠杆、链轮，由人力来操纵阀门动作。当阀门启闭力矩较大时，可在手轮和阀杆之间设置齿轮或蜗轮减速器。必要时，也可以利用万向接头及传动轴进行远距离操作。

（3）按照安装方式分

按照安装方式可分为穿墙阀和穿地阀。

3. 阀门的使用与维护

（1）阀门的使用

化工操作人员应熟识和掌握阀门的结构原理和性能，才能正确的使用和很好的维护它，也只有阀门灵活可靠才能平稳生产。

阀门的开启和关闭有手动、电动、气液动即自动等多种传动方式，现简要介绍各和阀门的操作要点。

1）手动阀门的操作

① 阀门的开闭方向，一般规定手轮顺时针旋转方向为闭，逆时针方向为开，但也有例外者，使用时应予以注意。

② 开关阀门应根据公称直径而定人力，直径大的可由工人操作，使用的扳手的手柄不宜太长，更不应使用大锤猛击，以防损坏零件或卡死。

③ 设有旁通阀的大口径阀门，应先开启旁通阀，然后再开启大口径主阀。

④ 开启蒸汽阀门前，应先微开，以缓热设备和管路，并排除冷凝水，然后再缓慢开启，以防产生水锤现象和造成爆破事故。

⑤ 高温阀门关闭后，会发生冷却收缩现象，因此，经过一段时间，要再关闭一下，使密封面不留缝隙，以免高速气流冲刷坏密封面。

⑥ 开关旋塞阀、球阀和蝶阀时，要看清楚阀芯处在什么状态，严防误操作。

⑦ 暗杆闸阀的开闭程度，要按标记进行。

⑧ 长时间不操作的阀门，应擦拭阀杆和松动填料压盖，然后加些润滑油，再缓慢旋转手轮，切不可用大锤猛击，防止损坏零件或介质喷出伤人。

2）电动和气液动阀门的操作

① 操作人员应懂得阀门的结构原理和特性，了解工艺管路的来龙去脉，只有这样才能更好地操作。

② 按动电钮时，要慎重从事，不可发生错误。一般按下电源电钮白色指示灯亮，表示电源接通；按下启动电钮绿灯亮，表示阀门打开；按下关闭电钮红灯亮，表示关闭。如指示灯该亮不亮，说明发生故障，应让电修人员检修。

③ 电动、气液动装置失灵时，应及时改为手动，并通知有关人员修理。

④ 遥控阀门应经常检查执行机构是否灵活，有无异常错位和松动现象。

⑤ 经常检查指示信号是否变化，发现异常应及时检查处理。

(2) 阀门的维护

① 阀门的螺纹部分应经常擦拭,保持清洁和润滑良好,使传动零部件动作灵活,无卡涩现象。

② 阀门的零件应保持齐全完好。

③ 填料处发生渗漏时,应适当将压盖螺母拧紧或增添填料,如果填料硬化变质,应更换新填料。换填料时应采取安全措施,防止介质溢出伤人。

④ 冬季保温层应完好,排净停用阀门内部积水,要严防冻结和冻裂。

⑤ 露天的阀门传动装置应加防护罩,以防雨、雪和大气的侵蚀。

⑥ 经常检查安全阀是否渗漏和挂污垢,发现后及时解决,并定期校验其灵敏度。

⑦ 对减压阀要经常观察减压效能,发现减压值变动大时,应解体检修。

⑧ 当阀门全开后,应将手轮倒转少许,使螺纹之间严紧,以免松动损伤。

⑨ 保持电动装置的清洁,不应受气、水和油污的沾染,并保持电器接点不松动。

## 六、设备

1. 设备的使用

设备的合理使用是设备管理的重要环节,保证设备合理使用应该做到以下几点:(1) 要科学安排生产负荷,严禁设备超负荷运转,禁止精机粗用。(2) 配置合格的设备操作人员,实行持证上岗制度。严格控制工艺条件的各项指标,安全操作。(3) 要为设备创造良好的工作条件,注意防腐、保温、防潮等设施设置。(4) 要针对设备的不同特点,采取合理使用的防护措施,才能保持良好的性能,延长使用寿命。

2. 设备的综合管理及维护保养

(1) 设备综合管理

设备综合管理也称设备综合工程学,是为了使设备寿命周期费用最经济,而把适用于有形资产的有关工程技术、管理、财务及其他实际业务加以综合,对设备管理的全过程所进行的研究。

设备综合工程学是在传统设备管理和维修工作的基础上,逐步发展起来的一门新学科。它是关于设备的技术和经济综合管理的科学。其特点如下。

1) 经济性设备综合工程学的研究目的是追求设备寿命周期费用最经济(而不是研究某一阶段费用的经济性)。所谓设备寿命周期费用是指设备一生的总费,即购置费用加上维修维护费用。

2) 综合性设备综合工程学是把与设备有关的技术、财务和管理等因素综合起来,对设备进行全面研究和管理的边缘学科。这种边缘学科要求人们在设备管理中掌握有关的综合知识和技术,并对设备的价格、维修费用、折旧、经济寿命等方面进行计算和比较,还要建立科学的管理方法和制度。

3) 可靠性和维修性重点是设备的可靠性和维修性设计。可靠性是指无故障、准确可靠和安全性。维修性是指容易检查修理。在设备的设计和老设备更新改造时,都要考虑如何方便修理。

4) 系统性是指把设备从方案选择、研究、设计、制造、安装、调试、维修、改造到更新的整个寿命周期作为管理研究的对象。这是系统理论在设备管理中的应用。通过设备全过程的管理，不断改进各个环节的设计质量。

(2) 设备维修保养

按工作量的大小，设备的维修保养可分为以下几种。

1)日常保养(或例行保养)：重点是进行清洗、润滑，紧固易松动的螺栓，检查零部件的状况。

2) 一级保养：除普遍地进行紧固、清洗、润滑和检查以外，还要部分地进行调整；检查中发现的故障隐患和异常情况要及时排除。

3) 二级保养：主要是进行内部清洗、润滑、局部解体检查和调整。

4) 三级保养：设备主体部分进行解体检查和调整工作，同时更换一些磨损零件并对主要零部件的磨损状况进行测量、鉴定。

(3) 设备的润滑“五定”

定点、定质、定量、定时、定人。具体内容如下。

1) 定点：根据设备的润滑部位、润滑点及润滑装置的位置，进行加油和换油。

2) 定质：根据设备说明书的要求或润滑图表、卡片中规定品种、牌号使用经检验合格润滑油。如果需代用时，必须经主管部门审核同意后方可使用。

3) 定量：严格按照润滑图表规定的注油量和油消耗定额，对各润滑部位、润滑点和润滑装置进行加油和换油，防止油量不足或过多。

4) 定时：严格按照设备说明书的要求或润滑图表、卡片中的规定，按时在各润滑点加注润滑油，并按规定进行清洗和换油。

5) 定人：对设备上各润滑部位的润滑工作，明确分工，责任到人，并进行检查落实。

(4) 设备计划检修

设备计划检修是一种以预防为主，且计划性较强的先进修理制度。设备的计划检修根据间隔期的长短和工作量的大小可分为：小修、中修、大修和全厂系统的大检修。

1) 大修：指机器设备在长期使用后，为了恢复原有精度、性能和生产效率而进行的全面修理。大修对于单机设备来说，是工作量最大的一种计划检修，要对设备进行全部拆卸、更换和修复所有已磨损及腐蚀的零部件，以求恢复设备的原有性能。大修和中修后必须进行试运行，并由使用车间验收。

2) 中修：对设备进行部分解体、修理或更换部分主要零件与基准件，或修理使用期限等于或小于修理间隔期的零件。中修内容包括小修项目外，还对机器的主要部件及不活动部分(如主轴、机身、机座)进行局部修理，并更换那些认为不能使用到下次中修的较主要的零部件。通常由机修车间的专业修理小组结合设备使用车间的维修组进行。

3) 小修：对设备进行局部修理，清洗、更换和修复少量磨损和腐蚀较小的零件并调整机构，以保证设备能使用到下一次修理。小修一般在非生产时间由生产车间的维修组协同操作工人在工作地进行。

4) 系统大检修：整个系统(装置)开车进行修理，所有系统的人员(包括机、电、仪表方面的工人、技术人员)都要参加。由于工作量大、涉及面广，全系统开车前必须做好修理项目、时间、人员的计划安排，落实准备工作，做到有计划、有步骤地完成系统大检修任务，保证检修效果。

(5) 设备的日常管理和设备事故的处理

1) 设备的日常管理

搞好设备的日常管理,首先要对设备进行合理分类、编号和登记。设备在投产使用前,必须办理验收和移交手续,并且要进行空运、负荷试验和精度试验。设备在正式移交和投产使用后,设备管理部门应该立即编号,建立设备档案卡片。

在分类编号的基础上,资产管理部门要及时登记造册。账册形式有:固定资产卡片和主要设备台账等。设备管理部门将设备核实编号登账后,正式发给车间。车间根据账目对交来的设备进行验收,并建立自己的台账,再交给班组,由班组把每台设备交给专人保管,并在设备的明显位置挂牌注明设备的型号、名称、编号和保管人(包括使用人员和维修人员)姓名。

设备在迁移、封存和报废时,都要经过一定的手续或程序。企业内部迁移或调整时,要相应调整有关部门账册;闲置1个月以上的设备,可经过一定的程序办理设备封存;设备因磨损而无修复价值,已经达到规定的使用年限,耗能超过规定指标而必须淘汰时,可申请报废。报废设备要严格进行技术、经济上的鉴定,并由领导和主管部门审批。

2) 设备事故的处理

当设备发生意外事故无法控制时,要及时报告,并注意保护现场。对于重大设备事故,一定要坚持“四不放过”(即事故原因不清不放过;事故责任人没有受到教育不放过;整改措施不落实不放过;事故责任人没有受到处分不放过)的原则,查清原因,确定防止再发生措施,使职工受到安全教育。

# 第三节　化工常用仪表

**学习目标:**了解常用仪表的分类,温度、压力、流量、物位计、分析仪表、显示仪表等常用仪表的种类及使用。了解仪表控制系统的基本概念。

## 一、仪表分类

检测与过程控制仪表最通用的分类是按仪表在测量与控制系统中的作用来进行划分,一般分为检测仪表、显示仪表、调节控制仪表和执行器四大类。

检测仪表根据其被测变量不同,根据化工生产五大参量又可分为温度检测仪表、流量检测仪表、压力表检测仪表、物位检测仪表和分析仪表(器)。

## 二、常用仪表

仪表的主要作用是:检出、测量、观察、计算各种物理量、物质成分、物性参数等。

1. 温度测量仪表

(1) 分类

温度测量类仪表有热电偶、热电阻、双金属温度计、玻璃温度计等几种仪表类型。

温度测量仪表按测温方式可分为接触式和非接触式两大类。通常来说接触式测温仪表比较简单、可靠、测量精度较高;但因测温元件与被测介质需要进行充分的热交换,故需要一定的时间才能达到热平衡,所以存在测温的延迟现象,同时受耐高温材料的限制,不能应用于很高的温度测量。非接触式仪表测温是通过热辐射原理来测量温度的，测量元件不需与被测介质接触，测温范围广，不受测温上限的限制，也不会破坏被测物体的温度场，反应速度一般也比较快；但受到物体的发射率、测量距离、烟尘和水汽等外界因素的影响，其测量误差较大。

（2）常用的温度测量仪表

1）热电偶

热电偶是工业上最常用的温度检测元件之一。热电偶测温基本原理是将两种不同材料的导体或半导体 A 和 B 焊接起来，构成一个闭合回路，当导体 A 和 B 的两个焊接点之间存在温差时，两者之间便产生电动势，因而在回路中形成一定大小的电流，这种现象称为热电效应，热电偶就是利用这一效应来工作的。我国从 1988 年 1 月 1 日起，热电偶和热电阻全部按 IEC 国际标准生产，并指定 S、B、E、K、R、J、T 七种标准化热电偶为我国统一设计型热电偶。其特点是：

① 测量精度高：因热电偶直接与被测对象接触，不受中间介质的影响。

② 测量范围广：常用的热电偶在 −50～+1 600 ℃可连续测量，某些特殊热电偶最低可测到 −269 ℃（如金铁-镍铬），最高可达 +2 800 ℃（如钨-铼）。

③ 构造简单，使用方便：热电偶通常是由两种不同的金属丝组成，而且不受大小和形状的限制，外有保护套管，用起来非常方便。

2）热电阻

热电阻是中低温区最常用的一种温度检测器。它的主要特点是测量精度高，性能稳定。其中铂热电阻的测量精度是最高的，它不仅广泛应用于工业测温，而且被制成标准的基准温度计。热电阻测温是基于金属导体的电阻值随温度的增加而增加这一特性来进行了温度测量的。热电阻大都由纯金属材料制成，目前应用最多的是铂和铜。热电阻的常见故障是热电阻的短路和断路。一般断路更常见，这是因为热电阻丝较细所致。断路和短路时很容易判断的。可用万用表的“×1 Ω”挡，如测得的阻值小于 $R_0$，则可能有短路的地方；若万用表指示为无穷大，则可断定电阻体已断路。电阻体短路一般较易处理，只要不影响电阻丝的长短和粗细，找到短路处进行吹干，加强绝缘即可。电阻体的断路修理必然要改变电阻丝的长短而影响电阻值，为此更换新的电阻体为好，若采用焊接修理，焊后要校验合格后才能使用。

3）玻璃温度计

玻璃温度计是用于测量温度的玻璃仪器，简称温度计。它也是工业上常用的仪表，以圆棒或三角棒玻璃毛细管制成，管外壁标有刻度，以水银、有机溶液（煤油、酒精等）作为感温液。

2. 压力测量仪表

（1）分类

1）压力测量仪表按照结构可分为压力表、压力变送器等。

压力表是指以弹性元件为敏感元件，测量并指示高于环境压力的仪表。压力表通过表内的敏感元件（波登管、膜盒、波纹管）的弹性形变，再由表内机芯的转换机构将压力形变传导至指针，引起指针转动来显示压力。

压力变送器主要由测压元件传感器（也称作压力传感器）、测量电路和过程连接件三部分组成。压力传感器是压力检测系统的重要组成部分，由各种压力敏感元件将被测压力信号转换成容易测量的电信号作输出，给显示仪表显示压力值，或供控制和报警使用。需要在控制室内显示压力表的仪表，一般选用压力变送器或压力传感器。对于微压力的测量，可采用微差压变送器；对黏稠、易堵、易结晶和腐蚀强的测量介质，宜选用带法兰的膜片式压力变送器。

2）压力测量仪表按照原理可分为液柱式、弹性式、负荷式和电测式等。

液压式压力测量仪表常称为液柱式压力计，它是以一定高度的液柱所产生的压力，与被测压力相平衡的原理测量压力的。大多是一根直的或弯成U形的玻璃管，其中充以工作液体。常用的工作液体为蒸馏水、水银和酒精。

弹性式压力测量仪表是利用各种不同形状的弹性元件，在压力下产生变形的原理制成的压力测量仪表。弹性式压力测量仪表按采用的弹性元件不同，可分为弹簧管压力表、膜片压力表、膜盒压力表和波纹管压力表等；按功能不同分为指示式压力表、电接点压力表和远传压力表等。

负荷式压力测量仪表常称为负荷式压力计，它是直接按压力的定义制作的，常见的有活塞式压力计、浮球式压力计和钟罩式压力计。

电测式压力测量仪表是利用金属或半导体的物理特性，直接将压力转换为电压、电流信号或频率信号输出，或是通过电阻应变片等，将弹性体的形变转换为电压、电流信号输出。代表性产品有压电式、压阻式、振频式、电容式和应变式等压力传感器所构成的电测式压力测量仪表。

(2) 压力测量仪表的选用

正确选用压力计，需要考虑以下几点：

1）量程的选择：根据被测压力表的大小来确定仪表量程。对于弹性式压力表，在测量稳定压力时，最大压力值应不超过满量程的3/4；测波动压力时，最大压力值应不超过满量程的2/3。最低测量压力值应不低于全量程的1/3。

2）精度选择：根据生产允许的最大测量误差，以经济、实惠的原则确定仪表的精度级。

3）使用环境及介质性能的考虑：根据环境条件恶劣，如高温、腐蚀、潮湿、振动等，被测介质的性能，如温度、腐蚀性、易结晶、易燃、易爆等，以此来确定压力表的种类和型号。

4）外形尺寸的选择：现场就地指示的压力表一般表面直径为100 mm，在标准较高或照明条件差的场合用表面直径为200～250 mm的盘装压力表或直径为150 mm压力表，或用矩形压力表。

3. 流量测量

(1) 分类

工业上常用的流量仪表可分为两大类：速度式流量计（以测量流体在管道中流速作为测量依据来计算流量的仪表，如差压式流量计、电磁流量计、漩涡流量计等）和容积式流量计（它以单位时间内所排出的流体固定容积的数目作为测量依据，如椭圆齿轮流量计、腰轮流量计等）。

流量计根据测量需求可分为瞬时流量计和累计流量计，根据监测方式可分为差压式流量计、转子流量计、电磁流量计、超声波流量计和漩涡流量计等；按测量的介质分为液体流量计和气体流量计。

(2) 常用的流量测量仪表

1) 差压式流量计

差压式流量计是基于流体流动的节流原理，利用流体流经节流装置时产生的压力差而实现流量测量的。由一次装置(检测件)和二次装置(差压转换器和流量显示仪表)组成，通常以检测件形式对差压式流量计分类，如孔板流量计、文丘里流量计、均速管流量计、弄托巴流量计等。

2) 转子流量计

转子流量计又称面积式或恒压降式流量计，它也是以液体流动时的节流原理为基础的一种流量测量仪表。转子流量计的特点是：可测多种介质的流量，近似线性刻度；结构简单，价格便宜，使用维护方便；还可测有腐蚀性的介质流量。但转子流量计的精度受测量介质的温度、密度和黏度的影响，而且仪表必须垂直安装等。影响测量精度的主要因素是液体的密度变化，因此在使用前必须进行修正。转子流量计按锥形管材料的不同，可分为玻璃转子流量计和金属转子流量计两大类。前者一般为就地指示型，后者一般制成流量变送器可远传显示。金属转子流量计按转换器不同又可分为气远传、电远传、指示型、报警型等；按其变送器的结构和用途又可分为基型、高温型、高压型等。

3) 电磁流量计

电磁流量计是利用电磁感应原理制成的流量测量仪表，可用来测量导电液体体积流量(流速)。变送器几乎没有压力损失，内部无活动部件，用涂层或衬里易解决腐蚀性介质流量的测量。检测过程中不受被测介质的温度、压力、密度、黏度及流动状态等变化的影响，没有测量滞后现象。

电磁流量计不能用来测量气体、蒸汽和石油制品等。在电磁流量计前必须有一个适当长度的直管段，以消除各种局部阻力对流速分布对称性的影响。

4) 超声波流量计

超声波流量计的主要特点是：流体中不插任何元件，对流束无影响，也没有压力损失；能用于任何液体，特别是具有高黏度、强腐蚀、非导电性等性能的液体的流量测量，也能测量气体流量。缺点是：当被测液体中含有气泡或有杂音时，将会影响声的传播，降低测量精度；超声波流量计实际测定的流体流速，当流速分布不同时，将会影响测量精度，故要求变送器前后分别应有 $10D$ 和 $5D$($D$ 为流量计口径)的直管段；此外，它的结构较复杂，成本较高。

5) 漩涡流量计

漩涡流量计是一种新型流量仪表。它是利用流体振荡原理来进行流量的测量。它可分为流体强迫进动型和自然振荡型卡门的漩涡分离型。前者称为漩涡流量计，后者称为涡列流量计或涡街流量计。涡街流量计的特点是：测量精度高，可达±1%；量程比宽可达 100∶1；仪表内无活动部件，使用寿命长；仪表示值几乎不受温度、压力、密度、黏度及成分等影响。

对于蒸汽、气体流量的测量，由于涡街流量计是测速式流量计，测量的示值是体积流量，如果生产过程中温度、压力变化不大，可在流量计中设定温度、压力和密度，使流量计显示值为质量流量或标准立方米流量。如果过程温度、压力波动大，则显示值与实际值之间将会产生较大误差，这时需进行温度、压力补偿。特别在测量蒸汽流量时，一定要注意加温度、压力补偿。

4. 物位测量仪表

物位测量的主要目的有两个：一是通过物位测量来确定容器中原料、产品或半成品的数量，以保证连续供应生产中各个环节所需的物料或进行经济核算；另一个是通过物位测量，了解物位是否在规定的范围内，以便使生产过程正常进行，保证产品的质量、产量、和生产安全。

(1) 分类

主要有磁翻板液位计、浮子式液位计、差压(压力)液位计、雷达液位计、超声波液位计、激光液位计、界面计、料位仪表等几种类型。

物位测量仪表的种类很多，如果按液位、料位、界面来分可分为：

1) 测量液位的仪表：玻璃管(板)式、称重式、浮力式(浮筒、浮球、浮标)、静压式(压力式、差压式)、超声波式、雷达式、放射性式等。

2) 测量界面的仪表：浮力式、差压式等。

3) 测量物位的仪表：超声波式、放射性式等。

(2) 常用的物位测量仪表

1) 浮力式液位计

浮力式液位计是根据浮在液面上的浮球或浮标随液位的高低而产生上下位移，或浸于液体中的浮筒随液位变化而引起浮力的变化原理而工作的。

浮力式液位计有两种。一种是维持浮力不变的液位计，称为恒浮力式液位计，如浮球、浮标式等。另一种是在检测过程中浮力发展变化莫测的叫做变浮力式液位计，如沉筒式液位计等。

2) 差压式液位计

差压液位计是利用容器内的液位改变时由液柱产生的静压也相应变化的原理而工作的。

特点：

① 检测元件在容器中几乎不占空间，只需在容器壁上开一个或两个孔即可。

② 检测元件只有一、两根导压管，结构简单，安装方便，便于操作维护，工作可靠。

③ 采用法兰式差压变送器可以解决高黏度、易凝固、易结晶、腐蚀性、含有悬浮物质的液位测量问题。

使用差压计测量液位时，必须注意以下两个问题：

① 遇到含有杂质、结晶、凝聚或易自聚的被测介质，用普通的差压变送器可能引起连接管线的堵塞，此时需要采用法兰式差压变送器。

② 当差压变送器与容器之间安装隔离罐时，需要进行零点迁移。

3) 超声波液位计、雷达液位计

超声波液位计在测量中超声波脉冲由传感器(换能器)发出，声波经液体表面反射后被同一传感器接收或超声波接收器，通过压电晶体或磁致伸缩器件转换成电信号，并由声波的发射和接收之间的时间来计算传感器到被测液体表面的距离。

雷达液位计基于时间行程原理的测量仪表，雷达波以光速运行，运行时间可以通过电子部件被转换成物位信号。探头发出高频脉冲在空间以光速传播，当脉冲遇到物料表面时反射回来被仪表内的接收器接收，并将距离信号转化为物位信号。

① 超声波物位无可动部分，探头的压电晶片虽振动，但振幅很小，结构简单，寿命长。

② 仪表不受湿度、黏度的影响，并与介质的介电系数、电导率、热导率等无关。

③ 可测范围广，液体、粉末、块体（固体颗粒）物位都可测量。

④ 检测元件（探头）不接触被测介质，因此，此表适用于强腐蚀性、高黏度、有毒介质物位和界面测量。

此表的缺点是检测元件不能承受高温，声速又受介质的温度、压力的影响，故它的应用有一定的局限性。另外电路复杂、造价较高。

4）放射性物位计

利用物体对放射性同位素的吸收作用来检测物位的仪表称为放射性物位计。在自然界中某些元素能放射出种看不见的粒子流，即射线。如钴-60（$^{60}Co$）能放射出 γ 射线，铀-235（$^{235}U$）也能放射出 α 射线和 β 射线等。

放射性物位计的特点：

1）可以实现完全不接触的测量，这是放射性物位计的最大特点；

2）被测容器上不用开孔，因而可以用于高温高压的情况。

3）射线对人体有较大的伤害，因而在选用上必须慎重。

5. 分析仪表

分析仪表是用以测量物质（包括混合物和化合物）成分和含量及某些物理特性的一类仪表的总称。用于实验室的称为实验室分析仪表，用于工业生产过程的称为在线自动分析仪表，亦称为流程分析仪表。

工业 pH 计又叫酸度计。工业 pH 计是能连续测量工业流程中水溶液的氢离子浓度的仪器。纯水的$[H^+]=10^{-7}$，所以 pH＝7，为中性。$[H^+]>10^{-7}$时为酸性溶液，其 pH＜7；$[H^+]<10^{-7}$时为碱性溶液，其 pH＞7。工业 pH 计由发送器和测量仪表两大部分组成。发送器由玻璃电极和甘汞电极组成，它的作用是把 pH 转换成直流电信号。工业 pH 计的测量仪器一般用电子电位差计即可。

在安装和拆卸电极时，必须注意玻璃电极球泡不要碰撞，防止损坏，同时不宜接触油性物质，应定时清洗玻璃泡，可用 0.1 mol/L 的 HCL 溶液清洗，然后浸在蒸馏水中活化。若玻璃电极球泡已老化或有裂纹时，则应更换新的电极，新电极在使用前必须在蒸馏水中浸泡 24 h。

6. 显示仪表

显示仪表与前面五种仪表不同，主要为二次表。

显示仪表包括数字显示仪表、无纸记录仪。在工业生产中，不仅需要测量出生产过程中各个参数量的大小，而且还要求把这些测量值进行指示、记录，或用字符、数字、图像等显示出来。这种作为显示被测参数测量值的仪表称为显示仪表。

显示仪表直接接收检测元件、变送器或传感器的输出信号，然后经测量线路和显示装置，把被测参数进行显示，以便提供生产所必需的数据，让操作者了解生产过程进行情况，更好地进行控制和生产管理。数字显示仪表是直接以数字形式显示被测参数大小的仪表。它具有测量速度快，精度高、读数直观的优点，并且对所测的参数便于进行数值控制和数字打印记录。

显示仪表按显示方式可分为模拟显示、数字显示和图像显示等三大类。

数字显示仪表是把与被测变量(如温度、流量、压力、物位及成分等)成一定函数关系的连续变化的模拟量(如电信号),变换成断续的数字量来显示的仪表。数字仪表与模拟仪表相比,具有精度高、测量速度快、读数直观方便等优点。

数字显示仪表有以下基本功能:

1) 输入信号:一般为电压、电流、频率、脉冲及开关信号等。

2) 测量值显示:0～9 数码和被测量参数的单位符号等。

3) 基本功能:对被测参数自动测量;数字形式显示测量值;对被测量测数设定报警;可输出模拟信号或数字信号;当被测量参数达到预定值给出控制信号;数字打印;可多点测量,显示,报警,输出控制信号。

4) 数字显示仪表的构成:它是由前置放大器、模-数转换器(即 A/D)、非线性补偿、标度变换和显示装置等部分组成。

5) 数字显示仪表的核心环节是模-数转换器,它将仪表分成模拟和数字两大部分,非线性补偿和系数的标度变换也是不可少的,这是数字显示仪表应具备的三大部分。这三大部分各有很多种类,通过三大部分相互巧妙的结合,可以组成适用于各种不同要求场合的数字显示仪表。

7. 执行器

执行器在自动控制系统中的作用,就是接受调节器发出的控制信号,改变调节参数,把被调参数控制在所要求的范围内,从而达到生产过程自动化。因此,执行器是自动控制系统中一个极为重要的不可缺少的组成部分。

8. 可编程控制器(PLC)

(1) 概述

PLC 可编程控制器是 20 世纪 60 年代发展起来的一种新型自动化控制装置。它最早是用于替代传统的继电器控制装置,功能上只有逻辑计算、计时、计数以及顺序控制等,而且只能进行开关量控制,因此其英文原名为 Programmable Logic Controller,简称 PLC,中文称可编程逻辑控制器。后来随着技术的进步,其控制功能已远超出逻辑控制范畴,其名称也就改为 Programmable Controller,简称 PC,但 PC 又容易与个人计算机 Personal Computer 的简称产生混淆,所以人们还是使用 PLC 这一简称,中文称可编程控制器。

(2) 可编程控制器特点和基本组成

1) 可编程控制器的特点

① 应用灵活:PLC 为标准的积木式硬件结构,现场安装十分简便。各种控制功能通过软件编程完成,因而能适应各种复杂情况下的要求,也便于控制系统的改进和修正,特别适应各种工艺流程变更较多的场合。

② 功能完善:PLC 既有开关量输入/输出,也有模拟量输入/输出,还具有逻辑运算、算术运算、定时、计数、顺序控制、PID 调节、各种智能块、远程 I/O 模块、人-机对话、自诊断、记录、图形显示和组态等功能,除了离散型开关量控制系统外,它也能用于连续的流程控制系统,几乎均能满足所有控制要求。

③ 操作方便,维修简单:PLC 采用工程技术人员习惯的梯形图形式编程,易懂易学,编

程和修改程序方便，PLC 还具有完善的显示和诊断功能，故障和异常状态均有显示，便于操作人员、维修人员及时处理出现的故障，出现故障后可通过更换模块或插件迅速排除故障。

④ 安全可靠：PLC 是适用于工业环境下应用的数字电路产品，制造时已从线路及电源等诸多方面严格把关，使之具有很强的抗干扰能力，PLC 产品一般平均无故障时间可达几万小时。

2）可编程控制器基本组成

① 可编程控制器一般由中央处理器 CPU、存储器、输入/输出模块、电源及编程器、显示器等组成。

② 中央处理器 CPU 是可编程控制器的核心部件。中央处理器模板配有多种接口，主要用于与编程器通信，也能和外部设备或其他 PLC 通信。

③ 所有可编程控制器的处理器单元都配备了后备电源，当电源掉电时，后备电源保证存于 RAM 中程序不会丢失，同时也保证重新上电时，系统能从当前状态继续运行。中央处理器模板都具有运行开关以及运行和故障的指示灯。

④ 可编程控制器的存储器分为系统存储器和用户存储器。系统存储器存储管理和监控程序及对用户程序做编译工作。系统程序由厂家在制造时将其固化在 ROM 或 EPROM 内，用户不能更改。用户存储器内部分为程序区和数据区。程序区存放用户编写的控制程序，此程序可由用户更改，增删程序内容，故使用 RAM 存储器。用户存储器的数据区用来存放输入、输出数据，中间变量，提供计时器、计数器、寄存器及系统程序所使用和管理的系统状态和算法信息。当 PLC 处在编程工作方式下，用户程序可通过编程器的键盘输入到 RAM 的指定区域。

⑤ 输入/输出模块是 PLC 的中央处理器与外部进行通讯的界面。输入模块把外部信号转换成中央处理器可以接收的信号，并传送给中央处理器。输出模块把输出信号传送到外部现场。中大型的 PLC 都是模块可拔插式。不仅输入/输出模块可组合，而且安装输入/输出模块的框架也可组合，因此用户配置控制系统具有灵活的选择性。一台 PLC 可以配置一个或几个输入/输出模块。一个模块能接收及传输信号的数目称为输入、输出点数。输入、输出点数的总合称为 PLC 的 I/O 点数。

⑥ PLC 编程器是人-机通讯专用工具。通过编程器，可以编制、调试、运行应用程序。可以测试、诊断 PLC 的运行状态，也可以在控制过程中修改控制参数。PLC 编程器一般是由键盘、显示器、智能处理器及外部设备等组成，并有通讯接口与 PLC 相联。PLC 编程器的应用程序可以使用语句表语言、梯形图语言及其他专用语言来编程。现有 PLC 编程器大致分两种。一种是小型手握式编程器。它主要使用语句表语言。另一种是高功能编程器，其配有键盘、显示器、硬盘、通讯接口等，其配置相当于一台计算机。

## 第四节 化工常用分析

**学习目标：**了解常用物理化学分析方法。

化工生产分析是分析化学在化工生产上的应用，它是研究各种生产中原料、辅助材料及产品的组成的分析方法，及生产过程中的中间产品和副产品的分析方法。

## 一、分析方法分类

分析方法的分类很多,根据分析方法所依据的原理不同,可分为化学分析方法和仪器仪表分析方法。

1. 化学分析方法

以物质的化学反应为基础的分析方法称为化学分析方法。如在定性分析中,许多分离和鉴定反应,就是根据组分在化学反应中生成沉淀、气体或有色物质而进行的;在定量分析中的重量分析、滴定分析和气体分析也是利用化学反应来测定组分相对含量。

2. 仪器分析方法

以物质的物理性质为基础的分析方法,称为物理分析方法,如光谱分析法、X 射线分析法等。以物质的物理化学性质为基础的分析方法称为物理化学分析方法,如极谱分析法、后吸光光度法等。这两类方法都需要特殊的仪器,所以统称为仪器分析法。

## 二、酸碱滴定法

滴定分析法是化学分析法中重要分析方法之一,将一种已知准确浓度试剂溶液(称为标准溶液)滴加到被测物质的溶液中,直到化学反应完全为止时,然后根据所有试剂溶液的浓度后体积可以求得被测组分的含量,这种方法称为滴定分析法(或称为容量分析法)。该方法适用于浓度在 1%以上各物质的测量,特点是快速、准确、仪器设备简单、操作方便、价廉,分析结果准确度较高,一般情况下,相对误差在 0.2%左右。

酸碱滴定是以酸碱反应为基础的滴定分析方法。利用该方法可以测定一些具有酸碱性的物质,或能与酸碱反应的物质。在生产和科研实践中,酸碱滴定法的应用相当广泛。

## 三、仪器分析

仪器分析是利用能直接或间接地表征物质的各种特性的实验现象,通过探头或传感器、放大器、分析转化器等转变成人可以感受的已认识的关于物质成分、含量、分布或结构等信息的分析方法。

仪器分析大致有:电化学分析法、核磁共振波谱法、原子发射光谱法、气相色谱法、原子吸收光谱法、高效液相色谱法、紫外-可见光谱法、质谱分析法、红外光谱法等。

# 第五节 放射性去污

**学习目标:**掌握放射性去污概念及常用的去污方法、了解去污因子和去污率的计算,了解人体污染的原理,掌握人体受放射性污染后的去污方法、要点和注意事项。

## 一、放射性去污

放射性污染去污是用物理、化学或生物的方法把放射性物质从被污染的表面清除的过程。广义上说,去污就是把放射性物质从不希望其存在的地方部分或全部去除。去污不是消除放射性核素,只是改变了放射性核素存在的位置或方式,去污过程会产生二次废物。去污过程产生的二次废物应尽可能的少，并且二次废物应容易收集和处置。

1. *去污效果的表示*

对于放射性去污效果的评价，既可针对某种特定核素，也可对总体放射性核素。去污效果的表示方法多种多样，常用的表示方法有去污因子、余污率、去污率、去污指数等，这里着重介绍去污因子及去污率。

(1) 去污因子

去污因子(DF)是物体表面去污前后表面放射性活度的比值，也叫去污系数，用 $K$ 表示。

$$K=\mathrm{DF}=A_1/A_2$$

式中，$A_1$——去污前放射性核素的活度，Bq；

$A_2$——去污后放射性核素的活度，Bq。

现场操作中，常用去污前、后的污染水平估算去污系数，$A_1$、$A_2$ 单位为 $\mathrm{Bq/cm^2}$（α、β 污染）、μSv/h（γ 剂量率）等。

(2) 去污率

去污率是指物体表面去除放射性活度与去污前放射性活度的比值，用 DE 表示。

$$\mathrm{DE}=(A_1-A_2)/A_1$$

由定义可知，$\mathrm{DE}=1-(1/\mathrm{DF})$。

2. *去污方法的选择*

理想的去污工艺应有高的去污因子、少的二次废物、少的受照剂量和环境影响。去污方法的选择要重视起安全性、经济性和可实现性。选择去污方法应考虑以下因素：

(1) 去污效率高，能有效快速去除污染；

(2) 安全可靠，无燃爆危险，环境影响小；

(3) 对设备系统的腐蚀性小；

(4) 产生二次废物量少，二次废物处理处置方便；

(5) 成本较低。

3. *去污方法*

去污方法多种多样，通常采用多种去污方法综合使用以达到更高的去污率。这里简单介绍机械-物理法、化学方法。

(1) 机械-物理法

物理法是用刮、擦、刷、磨、削、刨等方式去除表面锈迹、污垢或表面涂层的方法。主要有吸尘、冲洗、机械擦拭、高压射流、超声去污、激光去污和等离子去污等技术。

1) 吸尘法。利用吸尘器吸取物体表面的沉积污染物。

2) 机械擦拭法。利用刷、擦、刮、削、刨、磨等机械手段，去除物体表面的污染层。

3) 高压射流。利用高压泵产生高压水，高压水通过喷嘴喷出冲击物体表面以去除表面污染物。现广泛运用于厂房、槽罐、热室、管道等去污。

4) 超声去污。利用超声的空化效应、加速度效应、声流效应对清洗液和污垢的直接和间接作用，使污垢分散、乳化、剥离而去污。

(2) 化学法

化学法是利用化学药剂溶解去除放射性污染物。化学去污时去污剂浓度大、温度高、流速高、作用时间长有利于提高去污效果,但会增大对基体的侵蚀。因而使用化学去污时,通常是在保证去污效果的前提下,使用较低去污剂浓度,较低的温度、流速以及较少的清洗时间。化学去污的主要工艺有以下几种。

1)浸泡去污。多用于槽、罐内壁的去污和小型零部件的去污。

2)循环去污。特别适用于管道和系统去污。

3)发泡剂、去污膏等涂覆去污。特别适用于大面积墙体或槽罐去污。

4)化学凝胶去污法。将化学凝胶用作去污剂的载体,喷涂在待去污物体表面上,在一定时间后,用水漂洗或喷淋去污胶凝物而使物体表面去污。该方法产生的二次废物量较少。

5)可剥离膜去污法。利用化学去污剂和成膜剂做成的有多种官能团的高分子膜进行去污。适用于墙壁、天花板和地面去污。

常用的化学去污剂主要有以下几类:

1)无机酸类。如 $HNO_3$、HCl、$H_2SO_4$ 等,特点是去污作用大,但腐蚀性强,其中硝酸使用最多。

2)有机酸类。如甲酸、草酸、酒石酸、柠檬酸等。特点是作用缓和,腐蚀性弱,配(络)合能力强,清洗时废液中悬浮物及残渣少。

3)碱类。如 NaOH、KOH、$Na_2CO_3$ 等。

4)氧化还原剂类。如 $KMnO_4$、$H_2O_2$、$K_2CrO_7$、$K_2O_8S_2$ 等。主要是改变价态转变成可溶物。

5)络合剂类。如 EDTA、NTA、DTPA、HEDP 等,可阻止生产沉淀。

6)去垢剂类。用于去除油脂物,以便更好的实施后续去污。

7)表面活性剂类。分子中含有亲水基和增水基,能降低溶液或溶剂的表面张力。

8)缓蚀剂类。缓蚀剂在金属表面形成钝化膜、吸附膜或沉淀膜等,阻止或减轻去污剂对金属基体的侵蚀作用。

4. 人体污染去污

人体污染是体表放射性核素或放射性核素通过吸入、食入、伤口、皮肤等进入体内。发生较多的是与放射性物质接触而造成的体表污染,主要污染则是放射性物质进入体内而造成的污染。

皮肤去污使用的去污剂及去污方法应根据实际情况而定。主要方法有擦洗、刷洗、冲洗等,但选择去污剂时应考虑以下因素:

(1)去污效果好;

(2)皮肤刺激小;

(3)不会促进体表对放射性物质的吸收;

(4)去污次数不宜过多,以免损伤皮肤黏膜。

体表去污的主要去污剂有去污香皂、去污洗发膏、6%EDTA、6%偏磷酸钠等。小面积污染经去污香皂 5 min 擦拭去污,去污率可达 99%以上。

对于伤口污染,要紧急去污,防止放射性核素通过伤口扩散进入体液。发现体表创伤,怀疑有放射性污染时,在不扩散污染情况下,应立即撤离现场,用大量清水或蒸馏水冲洗伤口,促进伤口出血。最好是及早在防护人员协助下由医师做外科处理。

体内污染是放射性核素通过皮肤、创伤、呼吸道或消化道进入人体。服用促排剂对消除和降低放射性核素体内污染有一定效果。如碘化钾能有效消除体内碘污染。

体表污染去污要点:

(1) 必要时先用塑料布把周围未污染的部位盖好，并用胶布粘好塑料布边缘。

(2) 用肥皂水或洗涤剂清洗污染部位，再用吸纸将污染表面吸干，每次持续时间不超过2～3 min，去污时应由低污染区向高污染区单向推进，不得反复来回擦拭以免扩大污染范围。

(3) 不应将浴池浸泡或全身淋浴作为初始去污措施，否则会使污染扩散到清洁区。

(4) 要避免过分用力擦洗，注意那些较难清除污染的部位，如指尖、毛发、鼻孔、耳道等。

# 第六节 计算机使用

**学习目标：**了解计算机的操作系统、文件系统的概念，了解文件的管理操作、办公软件的使用。

计算机是一种能快速、自动完成信息处理的电子设备。

## 一、计算机操作系统

计算机操作系统以 Windows 系统为主，是微软公司推出的一系列操作系统，可以在几种不同类型的平台上运行，如个人电脑、服务器和嵌入式系统等等，其中在个人电脑的领域应用内最为普遍。当前，最新的操作系统是 Windows 10，已于 2015 年 7 月 29 日正式发布，并且仍在不断的更新中。通常情况下，只要安装了 Windows，打开电源后，计算机就会自动启动 Windows。

系统启动后，出现“欢迎”画面，其中列出了已建立的所有的用户账户及其对应的图标。

## 二、Windows 系统的基本概念

### 1. 桌面

桌面是打开计算机并登录到 Windows 之后看到的主屏幕区域，是用户工作的平面。打开程序或文件夹时，它们便会出现在桌面上。还可以将一些项目(如文件和文件夹)放在桌面上，并且随意排列它们。

### 2. 开始菜单

大部分应用程序都可从【开始】菜单中运行，【开始】菜单中的菜单选项有以下 3 类：

右边带有省略号“…”的选项：如【运行(R)…】选项，选择该项后，将弹出一个对话框。

右边带有小黑三角的选项：如【程序】和【连接到】选项，选择该项后，将弹出一个子菜单，进行下一级选择，子菜单中同样可能包含 3 类菜单选项。

右边无其他符号的选项：如【帮助】选项，选择该项后，将执行相应的程序。

### 3. 汉字的输入

单击【任务栏】上的输入法指示器，从弹出的菜单选择所需的输入法。按 Ctrl＋Shift 键，切换到下一种输入法。按 Ctrl＋空格键，关闭或启动先前的中文输入法。

常用的输入法有五笔输入法，智能 ABC 输入法、全拼输入法、微软拼音输入法以及搜狗拼音输入法、QQ 拼音输入法、百度拼音输入法等等。

### 4. 文件系统的基本概念

(1) 硬盘和光盘的编号

一个硬盘通常分为几个区，Windows 给每个分区都编一个号，依次是“C:”、“D:”等。

如果有多个硬盘,其他硬盘分区的编号紧接着前一个硬盘最后一个分区的编号。光盘的编号紧接着硬盘的最后一个编号。

(2) 文件与文件夹

文件是一组有名称的相关信息的集合,程序和数据都是以文件的形式存放在计算机的外存储器中。

Windows 把文件组织到文件夹中,文件夹中除了存放文件外,还能再存放文件夹,称为子文件夹。

Windows 中的文件、文件夹的组织结构是树型结构,即一个文件夹中可包含多个文件和文件夹,但一个文件或文件夹只属于一个文件夹。

(3) 文件、文件夹名命名规则

不能超过 255 个字符,1 个汉字相当于两个字符。不能出现下列字符:斜线(/)、反斜线(\)、竖线(|)、小于号(＜)、大于号(＞)、冒号(:)、引号(”、’)、问号(?)、星号(*)。不区分大小写字母。

同一个文件夹中,文件、文件夹不能同名。所谓的同名是指主名与扩展名完全相同。

(4) 文件管理操作

1) 查看文件/文件夹:

一般有 4 种查看方式:大图标、小图标、列表、详细资料

文件/文件夹排序

一般有 4 种排序方式:按名称、按类型、按大小、按日期。

2) 选择文件/文件夹

选定单个文件/文件夹:单击要选择的文件/文件夹图标。

选定多个连续文件/文件夹:先选定第 1 项,再按住 Shift 键,单击最后一项。

选定多个不连续文件/文件夹:按住 Ctrl 键,逐个单击要选择的文件/文件夹图标。

选定全部文件/文件夹:选择【编辑】/【全部选定】命令或按 Ctrl+A 键。

3) 打开文件/文件夹

双击文件/文件夹名或图标。

选定文件/文件夹后,按 Enter 键。

选定文件/文件夹后,选择【文件】/【打开】命令。

右击文件/文件夹名或图标,在弹出的快捷菜单中选择【打开】命令。

4) 创建文件/文件夹

选择【文件】/【新建】命令,从快捷菜单中选择命令。

新建的文件或文件夹,系统会为它自动取一个名字,然后马上让用户更改名字,这时,用户只要在名称框中输入所需要的名字即可为此文件夹改名。

5) 查找文件/文件夹

在资源管理器中,选择【工具】/【查找】/【文件或文件夹】命令。

在任务栏上,选择【开始】/【查找】/【文件或文件夹】命令。

在【查找】对话框中进行相应操作。

## 三、办公软件使用

常用的办公软件主要式 Office 系列,是一套由微软公司开发的办公软件,它最早为

Windows、MacOS 操作系统而开发。与办公室应用程序一样，它包括联合的服务器和基于互联网的服务，版本在不断的更新中，目前最新版本是 office2019。不同的版本，具体操作步骤有一定差异，但主体内容操作一致，版本越新，功能越强，操作便利性越好国内也有 WPS 办公软件，使用方法与 office 系列相似。以下以 office 系列中常用 word、excel、Pcwerponit 软件为例简要说明。

1. Word

Word 是文字处理软件。它被认为是 Office 的主要程序，以目前应用广泛的 2013 版为例说明 word 的基本操作。

（1）新建文档

两种方式：双击 Word 图标，选择“新建文档”；在空白文档下【文件】/【新建】命令；或者按 Ctrl＋N 键。

使用前一种方法，系统自动建立一个默认模板的空白文档。使用后两种方法时，会出现【新建文档】任务窗格。

（2）保存文档

保存有三种方式：单击按钮、按 Ctrl＋S 键、选择【文件】/【保存】命令。

如果文档已被保存，系统自动将文档最新内容保存起来，文档从未保存过，系统需要用户指定文件名，相当于执行另存为操作。

另存为：选择【文件】/【另存为】命令。

（3）打开文档

三种方式：单击按钮、按 Ctrl＋O 键、选择【文件】/【打开】命令、在打开的【文件】菜单底部选择先前打开的文档名。

使用最后一种方法时，系统直接打开指定的文档。使用前 2 种方法时，系统会弹出【打开】对话框。

（4）关闭文档

两种方式：选择【文件】/【关闭】命令、关闭 Word 窗口（点击右上角的红×）。

如果用户打开多个文档，按下 Shift 键单击【文件】菜单，在打开的菜单中选择【全部关闭】命令，即可关闭所有打开的文档。

如果关闭的文档被修改后没有保存，Word 会出现一个对话框，询问用户是否保存所做的修改。

（5）页面设置与打印

① 页面设置

选择【页面布局】命令，在弹出的功能区有纸张大小、页边距、纸张方向等功能选项。

② 页面排版

插入页码：点击文档页眉/页脚位置，弹出功能区，在【页码】对话框中进行页码设置

插入页眉、页脚：点击文档页眉/页脚位置，光标定位到页眉/页脚，弹出功能区，选择相应的功能设置页眉/页脚。

③ 页面打印

选择【文件】/【打印】命令，切换到打印窗口，设置选项中选择，同时预览打印内容。

（6）word 表格处理

建立表格

插入/绘制表格:选择【插入】/【表格】命令 ,在弹出的功能区中进行相应选择创建表格,在“布局”功能区进行相应调整设置。

绘制斜线表头:在“设计”功能区选择【边框】命令,下拉菜单中选择“斜上/下框线”。

输入文字:移动光标在光标显示的位置输入文字。

编辑表格

包括:选定表格、行、列和单元格,插入表格、行、列和单元格,删除表格、行、列和单元格、合并、拆分单元格、合并拆分表格,在“布局”功能区进行相应调整设置。

(7) word 图形对象处理

绘制图形:在【插入】中选择“插图”功能区,选择相应的选项插入图片或图形。

编辑图形:包括选定、移动、复制、删除、缩放、组合、改变形态。

设置图形:设置颜色、线条和箭头、阴影和三维效果、文字环绕、叠放次序、对齐或分布、设置旋转或翻转。选定图形,在【格式】命令中进行调整。

2. EXCEL 应用

Excel 是电子数据表程序〔进行数字和预算运算的软件程序〕。是最早的 office 组件。Excel 内置了多种函数,可以对大量数据进 Excel 行分类、排序甚至绘制图表等。

(1) 工作表管理操作

包括:插入工作表、删除工作表、移动工作表、复制工作表、重命名工作表、切换工作表。

① 插入工作表:两种方式:双击 excel 图标,选择““空白工作簿“;在空白表中点击【文件】/【新建】命令,也可选择左下方的工作表名称如“sheet1”,右键点击插入,或者【开始】功能区选择【插入】命令。

② 删除工作表:选择左下方的工作表名称如“sheet1”,右键点击“删除”;或者【开始】功能区选择【删除】命令。

③ 移动复制工作表:选择左下方的工作表名称如“sheet1”,右键点击“移动或复制工作表”,在弹出对话框中选择移动/复制的位置。

④ 重命名工作表:选择左下方的工作表名称如“sheet1”,右键点击“重命名”,也可以双击工作表名称如“sheet1”。

⑤ 切换工作表:点击左下方不同的工作表名称如“sheet2”。

(2) 工作表格式设置

① 数据格式设置

【开始】/功能区下,选择“字体”、“数字”、“样式”选项卡中进行相应设置。

② 表格格式设置

设置行高:拖动行分割线或选择行,右键选择行高命令;

设置列宽:拖动列分割线或选择列,右键选择列宽命令;

合并居中:【开始】/功能区下,选择“对齐方式”选项卡中进行相应设置。

③ 公式的输入

直接输入公式:在单元格内或编辑栏内输入,必须以等号(=)开始 ,常量、单元格引用、函数名、运算符等必须是英文符号,括号必须成对出现,并且配对正确。

产生公式:【开始】/功能区下,“编辑”选项卡中点击“Σ”在下拉菜单中完成公式输入;

④ 图表表现

图标由五部分组成:标题、绘图区、数值轴、分类轴、图例

创建图表:

用图表向导建立,活动单元格移动到数据清单中,选择【插入】,在【图表】选项卡中国,选择图表类型,选择数据源,数值图表选项,选择图表位置。

设置图表:选定要设置的图表,【设计】命令下,调整图表,或右键选择改变位置和大小、设置标题、设置坐标轴、设置图例、设置绘图区。

3. Powerponit 应用

PowerPoint 是用于演示文稿和幻灯片的放映。可以编辑文字和图片,有效清晰地提供向外界展示的信息。

(1) 演示文稿与幻灯片

演示文稿是用 PowerPoint 建立和操作的文件,用来存储用户建立的幻灯片。演示文稿的扩展名是“. ppt”或“. pps”,一个演示文稿对应一个扩展名为“. ppt”或“. pps”的文件。

一个演示文稿由若干张幻灯片组成,在 PowerPoint 新建的演示文稿中,根据在启动对话框中的不同选择,PowerPoint 自动建立一张或多张幻灯片。

幻灯片隶属于演示文稿,包括文字、表格、图形、音频、视频等元素以及这些元素的版面设置(如版式、字体、颜色、背景、页眉、页脚等)和放映设置(如动画效果、切换效果、时间控制、放映方式等)。

每张幻灯片都有一个编号,这个编号顺序就是其放映时幻灯片出现的顺序。

(1) 幻灯片制作

在【开始】功能区,选择幻灯片选项卡,【新建幻灯片】下拉菜单命令,出现【幻灯片版式】任务窗格。【幻灯片版式】任务窗格中可选择幻灯片版式。

处理文本

输入文本:在占位符中输入文本、在大纲中输入文本、在文本框中输入文本三种方式;

设置文本格式:在【开始】功能区,设置字体大小,样式,【格式】功能区下设置形状、艺术字等,具体操作与 word 类似。

处理图形对象

插入对象:在【插入】功能区下、通过图像、文本、符号等选项卡、插入表格、图片、图形、艺术字等,具体操作与 Word 类似。

建立超级链接

建立超级链接:在【插入】功能区下,通过链接选项卡,选择【超级链接】命令,链接的目标位置有:Web 地址、当前演示文稿中的位置、电子邮件地址。

建立动作按钮:在【插入】功能区下,通过链接选项卡,选择【动作】命令,在子菜单中选择一个命令按钮,在幻灯片中拖动鼠标,即可绘出相应大小的动作按钮,在弹出的【动作设置】对话框中设置按钮的动作。

(2) 幻灯片版面设置

在【设计】功能区,选择不同主题、变体版式下更换幻灯片版式、更换配色方案等

(3) 幻灯片放映设置

设置动画效果

先选定要应用预设动画的文本，再在【动画】功能区下应用预设动画，选择一种动画方案。

设置切换效果

先选定要切换效果的幻灯片，再在【切换】功能区下应用预设切换效果。

设置放映时间

先选定要切换效果的幻灯片，再在【幻灯片放映】功能区下进行设置放映时间、放映方式。

# 第七节　常用数学计算

**学习目标：**熟悉常用几何图形的周长、面积、体积计算，掌握浓度计算公式，掌握立式贮罐液位与体积的换算公式，熟悉加酸加碱量的计算公式，了解我国法定计量单位。

在化工生产中，常常会涉及数学计算，主要包括周长、面积、体积计算，浓度、流量计算，试剂配制计算和料液计量计算等。

## 一、周长面积体积计算

1. 平面计算

(1) 长方形的周长=(长+宽)×2，$C=(a+b)\times 2$

(2) 正方形的周长=边长×4，$C=4a$

(3) 长方形的面积=长×宽，$S=ab$

(4) 正方形的面积=边长×边长，$S=a\cdot a=a^2$

(5) 三角形的面积=底×高÷2，$S=ah/2$

(6) 平行四边形的面积=底×高，$S=ah$

(7) 梯形的面积=(上底+下底)×高÷2，$S=(a+b)h/2$

(8) 直径=半径×2，$d=2r$；半径=直径÷2，$r=d/2$

(9) 圆的周长=圆周率×直径=圆周率×半径×2，$c=\pi d=2\pi r$

(10) 圆的面积=圆周率×半径×半径=$\pi r^2$

(11) 椭圆的面积=圆周率×长半轴×短半轴=$\pi ab$

2. 体积计算

(1) 正方体：表面积=棱长×棱长×6，$S_{表}=6a^2$

体积=棱长×棱长×棱长，$V=a^3$

(2) 长方体：表面积=(长×宽+长×高+宽×高)×2，$S=2(ab+ah+bh)$

体积=长×宽×高，$V=abh$

(3) 圆柱体：侧面积=底面周长×高，$S_{侧}=ch$

表面积=侧面积+底面积×2，$S_{表}=ch+2\pi r^2$

体积=底面积×高，$V=Sh$

体积=侧面积÷2×半径，$V=(S_{侧}/2)r$

(4) 圆锥体：体积=(1/3)×底面积×高，$V=Sh/3$

(5) 球体：$S=4\pi r^2$，$V=\frac{4}{3}\pi r^3$。

(6) 圆形贮罐体积 $V$ 与液位 $H$ 关系：

立式：$V=\pi r^2 h$，$r$ 为贮罐半径，$h$ 为液位高度。

卧式贮槽内液体体积计算：$V=\frac{\pi r^2 h}{2}-\frac{\pi h^3}{6}+\frac{\pi r^3}{3}$

## 二、浓度、流量计算

1. 浓度计算

(1) 溶质的重量+溶剂的重量=溶液的重量

(2) 溶质的重量÷溶液的重量×100%=浓度

(3) 溶液的重量×浓度=溶质的重量

(4) 溶质的重量÷浓度=溶液的重量

2. 管道流量计算

$$\text{管道流量}: Q=SV=\pi r^2 V=(1/4)\times(\pi D^2)\times V$$

其中，$V$ 为流速。

## 三、调料计算与计量计算

1. 酸碱稀释配制计算

购置的酸(或碱)需要加水稀释到一定浓度后才能进行调料。加水量 $\Delta V$，配制前体积为 $V_1$，配制后体积为 $V_2$，配制前的浓度为 $C_1$，配制后浓度 $C_2$，则加水量计算公式如下：

$$\Delta V=V_2-V_1=\frac{C_1V_1}{C_2}-V_1=\left(\frac{C_1}{C_2}-1\right)V_1$$

2. 料液 pH 调节加酸加碱量计算

(1) pH 计算公式

$$\text{pH}=-\lg C[\text{H}^+]$$
$$\text{pH}=14-\lg C[\text{OH}^-]$$

(2) 加酸加碱量的计算公式

调料前料液 pH 为 $a$，调料后的 pH 为 $b$，($a<b$)，调料前的体积为 $V_1$，加入碱的摩尔浓度为 1 mol/L，则加碱量 $V_2$ 计算方公式为：

$$V_2=\frac{10^{-a}-10^{-b}}{10^{-b}+1}\cdot V_1$$

调料前的 pH 为 $a$，调料后的 pH 为 $b$，($a>b$)，调料前的体积为 $V_1$，加入酸的摩尔浓度为 1 mol/L，则加酸量 $V_2$ 计算公式为：

$$V_2=\frac{10^{a-14}-10^{b-14}}{10^{b-14}+1}\cdot V_1$$

举例计算：假如测得料液的 pH 为 1，体积为 1 L，需要将料液调节到 pH 等于 2，需要加入 1 mol/L 的 NaOH 溶液多少升？

计算方法：$V_2=[(0.1-0.01)/(0.01+1)]\times 1=0.089$ L。

(3) 质量分数 $W(\%)$ 与摩尔浓度 $C$(mol/L)的换算公式

$$W=\frac{CM}{1\,000\rho}$$

$$C=\frac{1\,000\rho W}{M}$$

其中，$M$ 为摩尔质量，$\rho$ 为密度。

3. 料液计量计算

料液计量槽两端为椭圆封头，计量槽液位与体积 $H$ 的计算关系，标准的椭圆封头，高度 $h=D/4$，计量槽的总长度为 L。

液位处在下封头处，即 $H<h$ 时，

$$V=\pi DH^2-\frac{4\pi H^3}{3}$$

当 $H=h$ 时，

$$V=\frac{2\pi D^3}{3}$$

当 $H>h$ 时，

$$V=\frac{2\pi D^3}{3}+\frac{\pi D^2\left(H-\frac{D}{4}\right)}{4}$$

液位达到上封头时，

$$V=\frac{2\pi D^3}{3}+\frac{\pi D^2\left(H-\frac{D}{4}\right)}{4}+\left[\frac{\pi D^2\left(H-L+\frac{D}{2}\right)}{12}\right]\left[3-16\left(H-L+\frac{D}{2}\right)\right]$$

# 第八节 化工识图

**学习目标：**了解化工工艺图的分类、常用阀门的图例、常用设备图例和管道的图形标记，掌握工艺流程方框图、物料流程图、管道和仪表流程图的识读要点。

## 一、化工工艺图

化工工艺图包括工艺流程方框图、流程图、设备布置图和管道布置图。这些图样是化工工艺设计的主要内容，也是进行工艺安装和指导生产的主要技术资料。流程方框图是简明的叙述整个工艺物料的走向，流程简图中能够表明基本的主要设备，带控制点的工艺流程图是最完整的。这里只重点介绍工艺流程图和设备管道布置图的内容及其识读。工艺流程图是用图表符号形式，表达产品通过工艺过程中的部分或全部阶段所完成的工作。典型的流程图中包括的资料有数量、移动距离、所做工作的类别以及所用的设备，为了便于列出工艺流程图，一般均采用国际通用的记录图形符号来代表生产实际中的各种活动和动作，用图形符号表明工艺流程所使用的机械设备及其相互联系的系统图。

1. 化工工艺图的分类

（1）流程图

全厂总工艺流程图或物料平衡图，是在化工厂设计中，为总说明部分提供的全厂流程图样。对综合性化工厂则称全厂物料平衡图。图上各车间（工段）用细实线画成长方框来示意。流程线只画出主要物料，用粗实线表示。流程方向用箭头画在流程线上。图上还注明了岗位名称，原料、半成品和成品的名称、平衡数据和来源、去向等。

（2）物料流程图 MBD

在全厂总工艺流程图基础上，分别表达各岗位内部工艺物料流程的图样。在流程上标注出各物料的组分、流量以及设备特性数据等。

（3）工艺管道及仪表流程图 PID

以物料流程图为依据，内容较为详细的一种工艺流程图。在管线和设备上画出配置的某些阀门、管件、自控仪表等的有关符号。

2. 工艺图的基本图例和标识代号

（1）常用阀门图例见表 3-1。

**表 3-1　常用阀门图例**

| 序号 | 名称 | 图例 | 序号 | 名称 | 图例 |
|---|---|---|---|---|---|
| 1 | 截止阀 |  | 2 | 闸阀 |  |
| 3 | 针形阀 |  | 4 | 隔膜阀 |  |
| 5 | 球阀 | 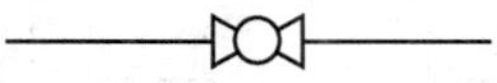 | 6 | 角阀 | 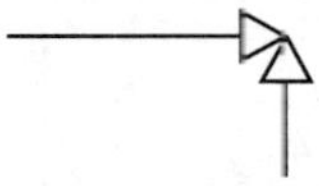 |
| 7 | 旋塞阀 |  | 8 | 三通阀 | 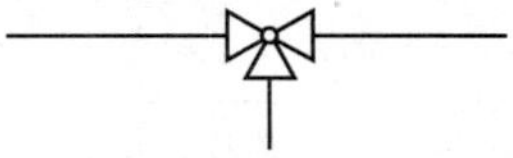 |
| 9 | 四通阀 | 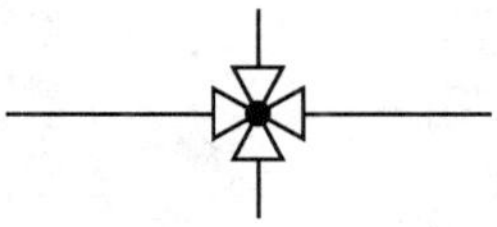 | 10 | 蝶阀 |  |
| 11 | 减压阀 | 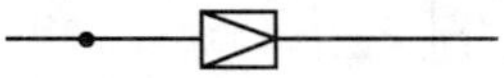 | 12 | 止回阀 |  |
| 13 | 弹簧式安全阀 | 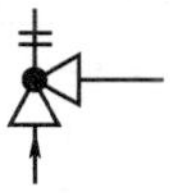 | 14 | 重锤式安全阀 | 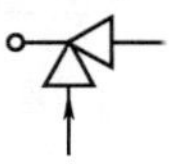 |
| 15 | 直通阀 |  | 16 | 底阀 |  |
| 17 | 疏水器 |  | 18 | 呼吸阀 |  |
| 19 | 铅封关 |   | 20 | 铅封开 | 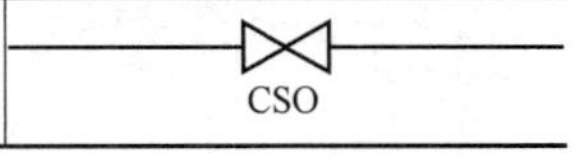  |

(2) 常用管件图例见表 3-2。

**表 3-2　常用管件图例表**

| 管件 | 8字形盲板 | 管帽 | 管段法兰 | 管段盲板 | 敞口漏斗 | 闭口漏斗 | 防雨帽 | 焊接式管理口 |
|---|---|---|---|---|---|---|---|---|
| 图例 | 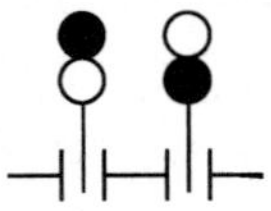 | 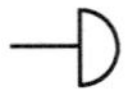 | 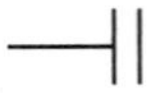 | 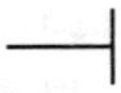 |  |  |  |  |

(3) 常用的标准设备图例见表 3-3。

**表 3-3　常用的标准设备图例表**

| 类别 | 名称 | 图例 | 内件 | | | 类别 | 名称 | 图例 | 名称 | 图例 |
|---|---|---|---|---|---|---|---|---|---|---|
| 塔(T) | 填斜塔 | 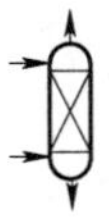 | 喷淋器分配器  | 升气管  | 格栅板 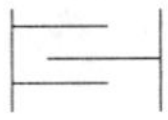 | 反应器(R) | 固定床反应器 |  | 列管式反应器 | 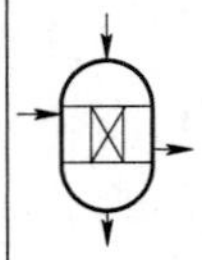 |
| | 板式塔 | 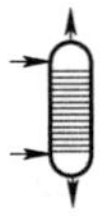 | 浮阀板 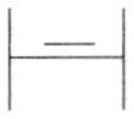 | 泡罩板  | 薄板 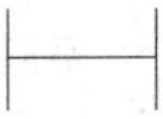 | | 反应器 |  | 流化床反应器 | 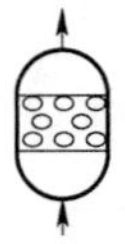 |
| | 喷淋塔 | 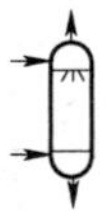 | 湍球 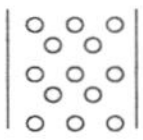 | 丝网除沫器  | 填斜除沫器 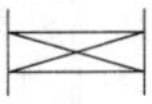 | 容器(V) | 锥顶罐 | 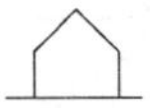 | 平顶罐 | 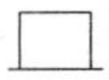 |
| | | | | | | | 立式 |  | 卧式 | 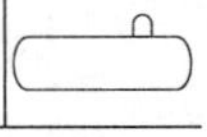 |
| 换热器(E) | 名称 | 固定短板 | 浮头式 | U型管式 | 套管式 | 釜式 | | 螺旋板式 | | 蛇管式 |
| | 图例 | 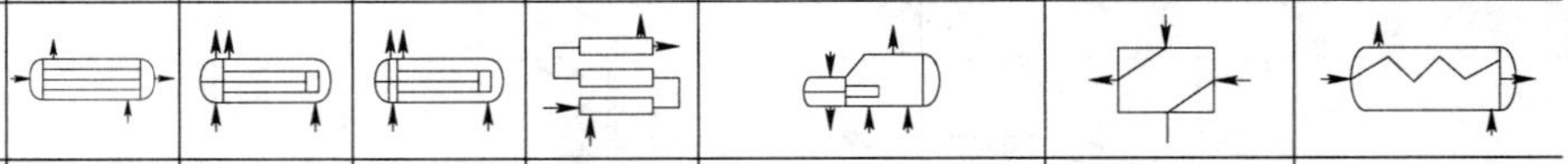 | | | | | | | | |
| 泵(P) | 名称 | 离心泵 | 往复泵 | 齿轮泵 | 喷射泵 | 水环真空泵 | | 液下泵 | | 漩涡泵 |
| | 图例 |  | | | | | | | | |
| 常用机械(M) | 名称 | 压缩机 | 转茨过滤机 | 壳体离心机 | 带运输机 | 透平机 | | 混合机 | | 挤压机 |
| | 图例 | 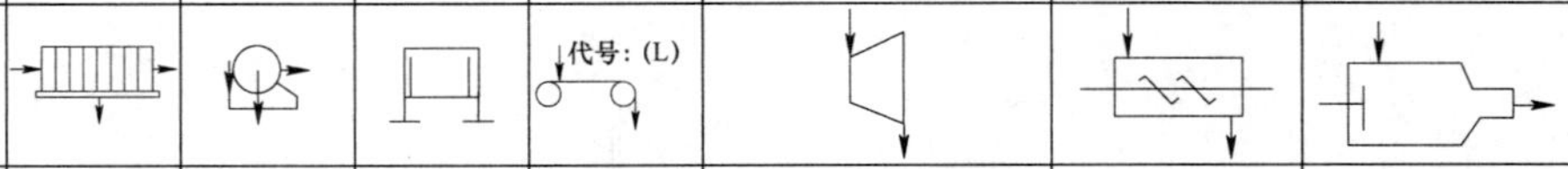 | | | | | | | | |
| 压缩机(C) | 名称 | 离心泵 | 往复泵 | 齿轮泵 | 喷射泵 | 水环真空泵 | | 液下泵 | | 漩涡泵 |
| | 图例 | 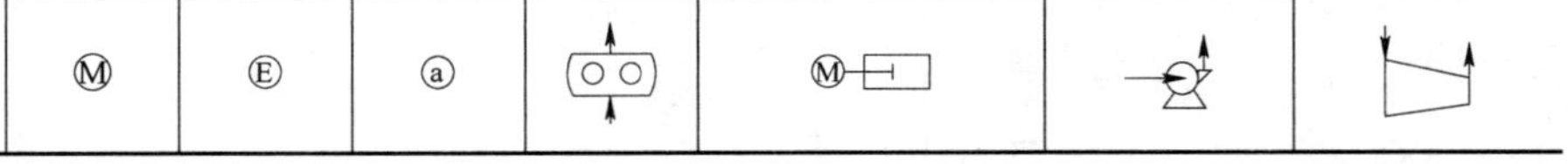 | | | | | | | | |

(4) 管道符号标记见表 3-4。

**表 3-4 管道符号标记**

| 管道符号 | 标记示意 | 管道符号 | 标记示意 | 管道符号 | 标记示意 |
|---|---|---|---|---|---|
| 带箭头粗实线 | 主要工艺物流 | 双点化线 | 原有管道 | 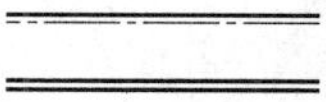 | 电伴热管<br>蒸汽伴热管 |
| 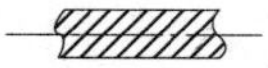 | 隔热管 |  | 安装坡度 | 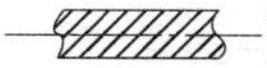 | 同心异径管<br>不同心异径管 |
| 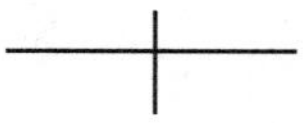 | 管道交叉相连 | 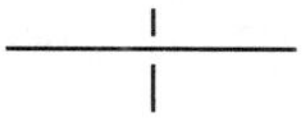 | 管道交叉不相连 | 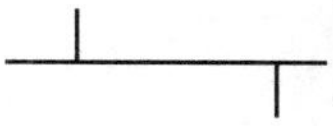 | 管道相连不交叉 |
| ××× 框内为图纸序号 | 去往其他图纸 | ××× 框内为图纸序号 | 来自其他图纸 |  | 放空管 |
| × × 框内为装置序号 | × × 框内为装置序号 | 框内为装置序号 | 来自其他装置 |  | 软管、波纹管 |

## 二、流程图

1. 工艺流程图

工艺流程图分为工艺方案流程图、物料流程图和带控制点工艺流程图。这三种图由于要求不同，其内容和表达的重点也不一致。

(1) 工艺方案流程图(简称方案流程图)

为描述化工生产过程，工程上通常用方块(矩形)表示所需单元操作、反应过程，用箭头表示物料流动方向，把从原料开始到最终产品所经过的生产步骤以图示的方式表达出来，这种工艺流程图就称为工艺方块图，也称为工艺框图，是一种示意图。

1) 工艺方块图的作用及内容

作用：表达物料从原料到成品或半成品的工艺过程，及所使用的设备和机器。用于设计开始时的工艺方案的讨论，也可作为施工流程图的设计基础。

内容主要包括：设备及流程，设备用示意图表示生产过程使用的设备；用文字、字母、数字注写设备的名称和位号。

2) 工艺方块图识读

常见的工艺方块图大多为系统工艺方块图，即指化工生产过程中某一个工艺系统的工艺方块图。识读的目的主要是了解该工艺系统流程原理概略，了解由原料到产品过程中各物料的流向和经历的加工步骤，了解该系统的单元操作、化学反应过程或主要设备的功能及其相互关系、能量的传递和利用情况、副产物和“三废”的处理及排放等重要工艺和工程信息，为今后的专业学习、生产操作提供帮助。

3) 识读的步骤

① 了解原料、产品的名称或其来源、去向。

② 按工艺流程次序，了解从原料到最终产品所经过的生产步骤。

③ 大致了解各生产步骤(或设备、装置)的主要作用。

4) 识读实例

图 3-23 所示为空压站流程,原料是空气,产品为纯净空气。空气压缩机压缩后送到冷却器,冷却后的空气先后送到气液分离器和干燥器进行脱水,脱水的空气送到除尘器经除尘后得到纯净的空气,再送进储气罐储存备用。该压缩站由机器和设备组成,机器指压缩机,设备指冷却器、气液分离器、干燥器、除尘器、储气罐等设备。

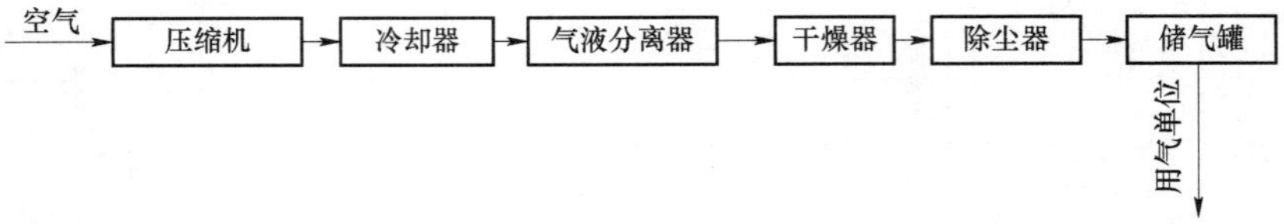


图 3-23　空压站流程框图

图 3-24 所示为桶外水泥固化工艺流程框图,原材料有钢桶、水泥、料液,产品为水泥固化体。料液经过计量后加入混合器中;水泥定量加入混合搅拌器中;水泥和废液在混合搅拌器中进行充分的混合,形成水泥浆;400 L 空桶通过辊道送至取封盖装置下取盖后送至卸料口下方,将混合均匀的泥浆灌入空桶中,然后进行封盖。然后进行剂量检测,剂量检测不合格,通过机械手擦拭去污,合格后送至养护平台养护一段时间,之后送至固化桶暂存间进行暂存,完成放射性废液固化。

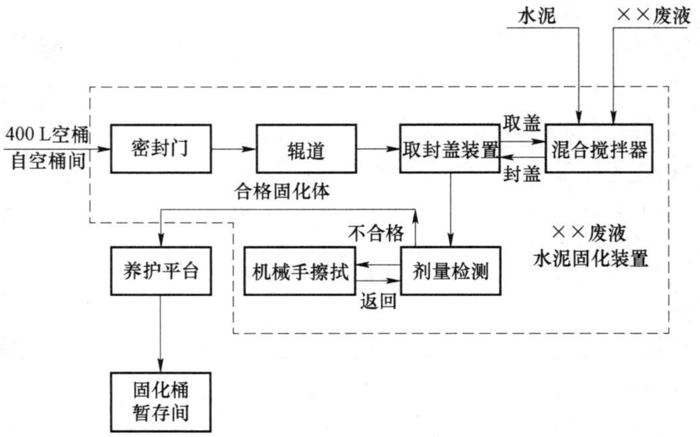


图 3-24　桶外水泥固化工艺流程框图

从图 3-23 和图 3-24 可知,方案流程图是一种示意性的展开图,也可作一般流程图用,它定性地说明物料的流向程序,其内容包括:物料(介质)由原料变为半成品或成品的来龙去脉,即工艺流程线,采用的机器和设备的示意图。

(2) 物料流程图

物料流程图是在方案流程图的基础上,用图形与表格相结合的形式,反映设计中物料衡算和热量衡算结果的图样。在方案流程图上增加以下内容:在设备位号及名称的下方加注设备特性数据或参数。如:换热设备的换热面积,塔设备的直径、高度,贮罐的容积,机器的型号等。在流程的起始处以及使物料产生变化的设备后,列表注明物料变化前后其组分的名称、流量(kg/h)、摩尔分数(%)等参数及各项的总和,实际书写项目依具体情况而定。表格线和指引线都用细实线绘制。

图 3-25 所示为固定连续汽化法造气的部分物料流程图。其包括：

1）若干代表生产设备的外形轮廓图，带流向的流程线、物料说明表（包括物料名称、流量、含量）及标题栏。

2）除了标注设备名称及位号外，还标注设备性能参数。如图中设备为煤气发生炉，位号 65104，直径 3.8 m。

3）标注物料状态参数，如原料煤粒度、蒸汽比、煤气发生炉的出气温度等。

识读物料流程图步骤如下：

1）识读标题栏。

2）弄清流程图中原料、产品、设备（位号、名称、参数、作用）。

3）掌握流程线及物料状态参数

4）理解物料进出设备前后的组分变化。

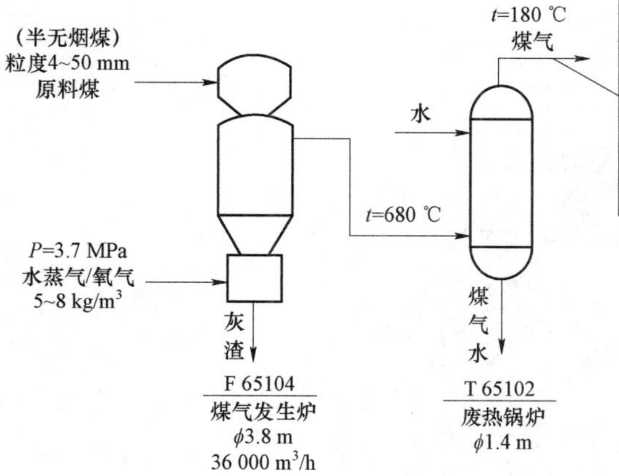


| 序号 | 物料名称 | 流量/(kmol/h) | 含量/% |
|---|---|---|---|
| 1 | $H_2$ | 0.64 | 40.5 |
| 2 | CO | 0.37 | 23.4 |
| 3 | $CO_2$ | 0.38 | 24.1 |
| 4 | $CO_4$ | 0.12 | 7.6 |
| 5 | 其他 | 0.07 | 4.4 |
| 6 | 合计 | 1.58 | 100 |

图 3-25　物料流程图

（3）带控制点工艺流程图

带控制点工艺流程图也叫工艺施工流程图。这种流程图是在方案流程图的基础上设计绘制的，是设备布置图和管道布置图的设计依据，也是指导化工生产的重要技术资料。

常用的控制点多为参数控制点，如温度控制点、压力控制点、流量控制点、液位控制点、成份分析控制点等，控制方式多通过仪表控制，在图中以字母或符号的形式标注，其中温度 $T$，压力 $P$，流量 $F$，液位 $L$，累积量 $Q$，分析 A，指示或显示 I，记录 R，控制 C、报警 A，就地控制○，远传显示控制⊖，联锁 S，阀门 V 等。

2. 管道和仪表流程图

管道与仪表流程图，也称施工流程图。它是采用图示的方法将化工工艺装置的流程和所需要的全部设备、机器、管道、阀门、管件和仪表表示出来。它是以带控制点的工艺流程图为依据，经过对已有工艺流程图的进一步修改、补充和完善而绘制出来的图样和工艺设计的最后成品。它是设计和施工的依据，也是操作运行及检修的指南。在施工流程图中应把生产中涉及的所有设备、管道、阀门以及各种仪表控制点等都画出。

识读步骤：

（1）看标题栏和图例中的说明。

(2) 掌握系统中设备数量、名称和位号。

(3) 了解主要物料工艺流程施工线。

(4) 了解其他物料工艺流施工程线。

## 三、三视图

1. 基础知识

在机械制图中,将物体按正投影法向投影面投射图像时所得到的投影称为"视图"。

光线自物体的前面向后投影所得到的投影称为"主视图",自后向前的称为"后视图",自上向下的称为"俯视图",自下向上的称为"仰视图",自左向右的称为"左视图",自右向左的称为"右视图"。为完整地表示一个物体的形状,常需要采用两个或两个以上的视图,如图 3-26 所示。个别部位采用局部视图或局部放大视图。

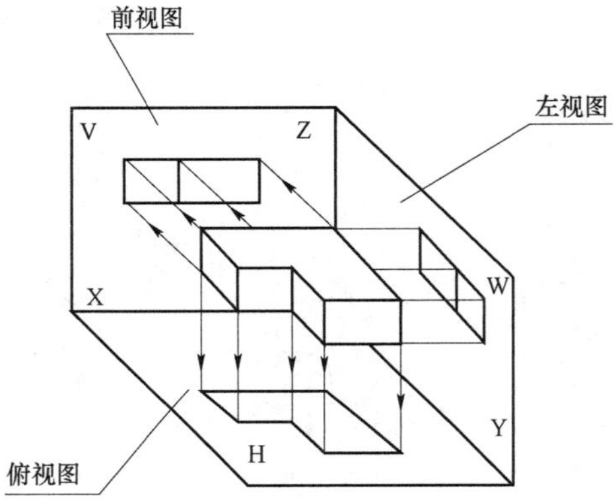


图 3-26　三视图

为显示物体内部结构,常采用剖视图,假想将物体局部、1/4 或 1/2 切掉,从而可显示物体内部结构图。

也可以将视图理解为从一定的方向来看物体,从左边看就是左视图,从前面看就是前视图,从顶上看就是俯视图,依此类推,这里的前后左右是以观察者的方向来定的。也可以理解为,将物体和观察者重叠后,在观察者左边、前边、顶上,所看到物体的面呈现的图像。

2. 画法

在画组合体三视图之前,首先运用形体分析法把组合体分解为若干投影面展开个形体,确定它们的组合形式,判断形体间邻接表面是否处于共面、相切和相交的特殊位置;然后逐个画出形体的三视图;最后对组合体中的垂直面、一般位置面、邻接表面处于共面、相切或相交位置的面、线进行投影分析。当组合体中出现不完整形体、组合柱或复合形体相贯时,可用恢复原形法进行分析。

(1) 进行形体分析

把组合体分解为若干形体,并确定它们的组合形式,以及相邻表面间的相互位置(见图 3-27)。

(2) 确定主视图

三视图中,主视图是最主要的视图。

1）确定放置位置

要确定主视投影方向，首先解决放置问题。选择组合体的放置位置以自然平稳为原则。并使组合体的表面相对于投影面尽可能多地处于平行或垂直的位置。

2）确定主视投影方向

选最能反映组合体的形体特征及各个基本体之间的相互位置，并能减少俯视图、左视图上虚线的那个方向，作为主视图投影方向，如图 3-28 所示。

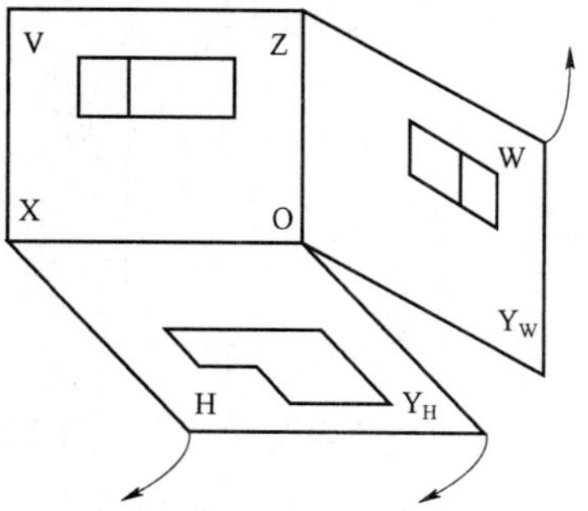


图 3-27　形体分析

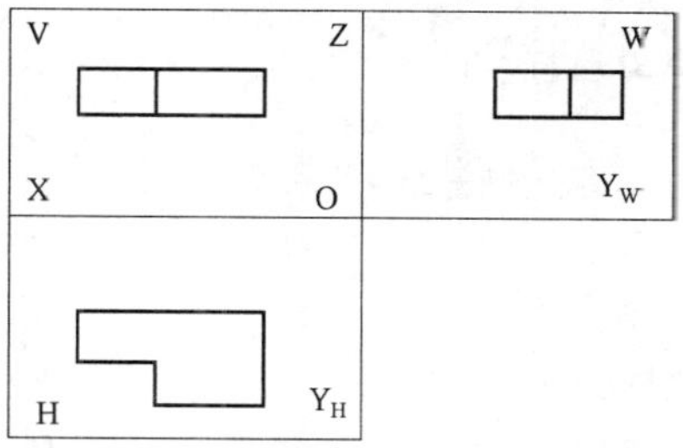


图 3-28　确定主视图

（3）选比例，定图幅

画图时，尽量选用 1∶1 的比例。这样既便于直接估量组合体的大小，也便于画图。按选定的比例，根据组合体长、宽、高预测出三个视图所占的面积，并在视图之间留出标注尺寸的位置和适当的间距，据此选用合适的标准图幅。

（4）布图、画基准线

先固定图纸，然后，画出各视图的基准线。每个视图在图纸上的具体位置就确定了。基准线是指画图时测量尺寸的基准，每个视图需要确定两个方向的基准线。一般常用对称中心线，轴线和较大的平面作为基准线，逐个画出各形体的三视图，如图 3-29 所示。

（5）画法

根据各形体的投影规律，逐个画出形体的三视图。画形体的顺序：一般先实（实形体）后空（挖去的形体）；先大（大形体）后小（小形体）；先画轮廓，后画细节。画每个形体时，要三个视图联系起来画，并从反映形体特征的视图画起，再按投影规律画出其他两个视图。对称图形、半圆和大于半圆的圆弧要画出对称中心线，回转体一定要画出轴线。对称中心线和轴线用细点划线画出。

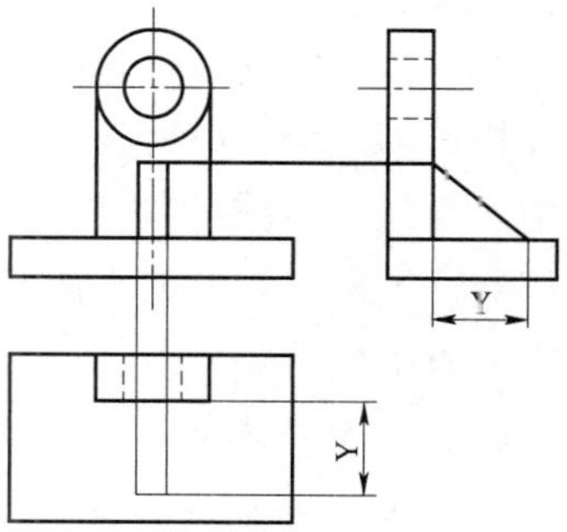


图 3-29　画基准线

# 第四章　放射性废物管理及辐射防护基础

## 第一节　放射性废物来源、成分、特性

**学习目标：**了解放射性废物的来源、特性和主要核素，掌握放射性废物的分类。

### 一、放射性废物来源

1. 基本概念

放射性废物，指含有放射性核素或者被放射性核素污染，其浓度或者比活度大于国家确定的清洁解控水平，预期不再使用的废弃物。在 GB 18871—2002 中，放射性废物定义为来自实践或干预的、预期不再利用的废弃物（不管其物理形态如何），它含有放射性物质或被放射性物质所污染，其活度或活度浓度大于规定的清洁解控水平，并且它所引起的照射未被排除。

清洁解控水平，是由审管部门规定的、以活度浓度和（或）总活度表示的值，辐射源的活度浓度和（或）总活度等于或低于该值时，可以不再受审管部门的审管。

2. 放射性废物的来源

放射性废物来源广泛，所有操作、生产和使用放射性物质的活动，都有可能产生放射性废物。如核燃料循环，反应堆运行、装填料和检修，放射性同位素的生产、使用及核技术应用，核设施设备退役过程，核研究和开发活动，核武器研制、试验和生产活动等。在这些废物中，绝大多数产生于核燃料循环过程。

伴生放射性矿物资源（如稀土矿、磷肥矿、煤矿、有色金属、黑色金属矿等）的开发利用，也存在放射性水平超标，产生伴生放射性废物。

对于核燃料循环过程中产生的放射性废物，从数量上讲，铀矿开采和水冶过程产生的矿冶废物最多。但从放射性活度上讲，则主要集中在核燃料后处理废物中。在核燃料裂变过程中，99%以上放射性物质包容在核燃料元件的包壳中。在核燃料后处理过程中，95%以上的放射性核素进入高放废液（IAW）中。因此，对乏燃料后处理过程产生的放射性废物的处理和整备十分重要。

放射性废液整备中，废物来源于核设施生产、运行、维护、退役等活动过程。

3. 放射性废物的分类

放射性废物来源广泛，不仅其物态互不相同，放射性水平及主要的放射性核素也存在较大的差异，因此必须对其进行分类，以便在此基础上制定对各类放射性废物的管理原则和方法。放射性废物的分类方法较多，一般按照其物理状态、放射性水平、所含放射性同位素的半衰期以及辐射类型来分类。

（1）根据放射性废物的物理状态分类

放射性废物按其物理状态可以分为放射性气体废物、放射性液体废物和放射性固体

废物。

(2) 根据废物的放射性水平分类

放射性废物按其放射性水平可以分为高放废物(HLW)、中放废物(ILW)、低放废物(LLW)和极低放废物(VLLW)等。

(3) 根据废物放出的射线类型分类

放射性废物按其放出的射线种类可以分为β/γ放射性废物和α放射性废物等。所谓α放射性废物是指含有一种或多种发射α射线的核素(通常为锕系核素),并且其含量超过规定限值的放射性废物。

(4) 根据废物中的放射性核素的半衰期来分类

放射性废物按其中的放射性核素的半衰期可以分为长寿命(或长半衰期)放射性核素、中等寿命(或中等半衰期)放射性核素和短寿命(或短半衰期)放射性核素等类型。

另外,也可按放射性废物的处置方式、来源、毒性来分类。如:

按放射性废物的处置方式可以分为免管废物、可清洁解控废物、近地表处置废物、地质处置废物等。

按其来源可分为核电站废物、核燃料循环废物、核技术应用废物、退役废物等。

按其毒性可以分为低放射毒性废物(如天然铀、氚等)、中等放射毒性废物(如$^{137}Cs$、$^{131}I$等)、高放射毒性废物(如$^{90}Sr$、$^{60}Co$等)、极高放射毒性废物(如$^{226}Ra$、$^{239}Pu$等)。

同时,对上述基本分类可以进一步细分。例如,放射性废液可以进一步分为有机废液、无机废液、含氚废液、酸性废液、碱性废液等;放射性固体废物可进一步可分为有机固体废物(如工作服、塑料等)和无机固体废物(如钢铁、混凝土等)、可压缩废物和不可压缩废物等。采取哪种分类方式,应根据放射性废物处理和处置的实际情况而定。

4. 我国放射性废物的分类

我国于1996年公布了根据IAEA安全导则修订的国家标准GB 9133—1995《放射性废物的分类》。该分类与国际原子能机构推荐的分类相比更为详细、具体,更适合我国使用。该标准首先将放射性废物按物理状态分为气体废物、液体废物和固体废物3类。在此基础上,再按放射性浓度或比活度将各放射性废物分为若干级。对于固体废物,按比活度和所含主要核素的半衰期划分为低放短半衰期废物、低放中等半衰期废物、低放长半衰期废物、中放短半衰期废物、中放中等半衰期废物、中放长半衰期废物、高放中等半衰期废物、高放长半衰期废物和α废物等11类。表4-1为我国放射性废物分类。

表 4-1 我国放射性废物分类

| | 级别 | 名称 | 放射性浓度 $A_v/(Bq/m^3)$ |
|---|---|---|---|
| 气体废物 | Ⅰ | 低放 | 排放限值$<A_v\leqslant 4\times10^7$ |
| | Ⅱ | 中放 | $A_v>4\times10^7$ |
| 液体废物 | | | 放射性浓度 $A_v$,Bq/L |
| | Ⅰ | 低放 | 排放限值$<A_v\leqslant 4\times10^6$ |
| | Ⅱ | 中放 | $4\times10^6<A_v\leqslant 4\times10^{10}$ |
| | Ⅲ | 高放 | $A_v>4\times10^{10}$ |

**续表**

<table>
<tr><td rowspan="5">固体废物</td><td colspan="7">放射性比活度 $A_m$/(Bq/kg)</td></tr>
<tr><td></td><td></td><td>$T_{1/2}\leqslant 60$ d⁽¹⁾</td><td>60 d$<T_{1/2}\leqslant 5$ a⁽²⁾</td><td>5 a$<T_{1/2}\leqslant 30$ a⁽³⁾</td><td>$T_{1/2}>30$ a</td><td>α废物</td></tr>
<tr><td>Ⅰ</td><td>低放</td><td>清洁解控水平$<A_m\leqslant 4\times 10^6$</td><td>清洁解控水平$<A_m\leqslant 4\times 10^6$</td><td>清洁解控水平$<A_m\leqslant 4\times 10^6$</td><td>清洁解控水平$<A_m\leqslant 4\times 10^6$</td><td rowspan="3">单个货包中半衰期大于 30 年的 α 发射体放射性核素的 $A_m>4\times 10^6$，对近地表处置设施，多个包装平均的 $A_m>4\times 10^5$</td></tr>
<tr><td>Ⅱ</td><td>中放</td><td>$A_m>4\times 10^6$</td><td>$A_m>4\times 10^6$</td><td>$4\times 10^6<A_m\leqslant 4\times 10^{11}$ (4)</td><td>$A_m>4\times 10^6$ (4)</td></tr>
<tr><td>Ⅲ</td><td>高放</td><td>—</td><td>—</td><td>$A_m>4\times 10^{11}$ (5)</td><td>$A_m>4\times 10^{10}$ (5)</td></tr>
<tr><td colspan="3">免管废物(EW)</td><td colspan="5">对公众成员年剂量低于 0.01 mSv，对公众的年集体剂量不超过 1 人 · Sv 的含极少放射性核素的废物。</td></tr>
</table>

注：(1) 包括放射性核素 $^{125}$I($T_{1/2}$=60.12 d)；

(2) 包括放射性核素 $^{60}$Co($T_{1/2}$=5.271 a)；

(3) 包括放射性核素 $^{137}$Cs($T_{1/2}$=30.17 a)；

(4) 且释热率小于或等于 2 kW/m$^3$；

(5) 或释热率大于 2 kW/m$^3$。

对公众成员照射所造成的年剂量值小于 0.01 mSv，对公众的集体剂量不超过 1 人 · Sv/a 的含极少放射性核素的废物，称为豁免废物。

(1) 放射性废物的主要特性

放射性废物的主要特性包括放射性、放射毒性、化学毒性和辐射化学特性等，部分放射性废物还具有发热性、易燃性、易爆性、放出有害气体等性质。这是处理、整备和处置放射性废物过程中需要认真考虑的重要因素。

1) 放射性

原子核自发地放出各种射线的现象叫放射性。大量研究表明，对放射性核素加温、加压或外加磁场，都不能抑制或显著改变射线的发射，究其原因在于放射性现象是由原子核的变化引起的，与核外电子的状态改变关系很小。

2) 放射性物质的毒性

所谓放射毒性是指某种放射性物质进入人(或动物)体内，放射性对人(或动物)体产生的毒害特性，放射性核素的毒性分组是电离辐射防护和辐射源安全工作中的重要参考资料。它主要取决于放射性活度和辐射种类。根据其对人体危害大小，可将放射性废物分为极高放射毒性、高放射毒性、中等放射毒性和低放射毒性 4 组。

放射性核素的毒性分组是电离辐射防护和辐射源安全工作中的重要参考资料。放射性毒性分组是参照国内外已报道的分组界限值和国内以往的分组经验，对国际原子能机构安全丛书第 115 号中列的 94 种元素的 851 种放射性核素按它在肺部的吸收速度分组，其中极毒组占 4.5%，高毒组占 5.4%，中毒组占 38.0%，低毒组占 52.1%，这是目前最新的放射性核素的毒性分组。

① 极毒组，如 $^{210}$Po、$^{226}$Ra、$^{231}$Pa、$^{232}$U、$^{233}$U、$^{238}$Pu、$^{239}$Pu、$^{240}$Pu、$^{242}$Pu、$^{241}$Am、$^{242}$Am、$^{242}$Cm、$^{244}$Cm、$^{252}$Cf；

② 高毒组，如$^{60}Co$、$^{90}Sr$、$^{106}Ru$、$^{210}Pb$、$^{212}Bi$、$^{237}Np$、$^{241}Pu$、天然钍等；

③ 中毒组，如$^{14}C$、$^{32}P$、$^{59}Fe$、$^{63}Ni$、$^{90}Y$、$^{95}Zr$、$^{99}Mo$、$^{125}I$、$^{131}I$、$^{137}Cs$、$^{220}Rn$、$^{222}Rn$等；

④ 低毒组，如$^{3}H$、$^{85}Kr$、$^{99}Tc$、$^{129}I$、$^{235}U$、$^{238}U$、天然铀等。

核素的放射毒性无法用现有的物理、化学方法消除，只能按其固有的衰变规律衰变至无害水平。大约经过10个半衰期后，其放射毒性水平可降至原有的1/1 000，经过20个半衰期后，降至原有的百万分之一。对于大多数短寿命放射性核素，只需要经过几十天至1 a的贮存，即可衰减至安全水平；低中放水平废物中的$^{90}Sr$、$^{137}Cs$等中等寿命核素需隔离300～500 a才能降至安全水平；对于高放废物中的长寿命核素如239Pu、99Tc等，则需隔离几十万年乃至数百万年才能降至安全水平。因此，各类放射性废物的处置方式、处置时间在很大程度上取决于其放射毒性和半衰期。

3）放射性废物的辐射化学特性

废液中的放射性核素发出的强烈辐照会使水辐射分解而放出氢气，当空气中氢的含量超过4.1%时就会有爆炸的危险。放射性核素衰变产生的放射线会使有机物发生辐射分解、降解和裂解，给核燃料后处理过程及废物处理过程带来各种不利的影响。

在普雷克斯流程中，由于化学辐射降解作用，溶剂会产生降解产物，TBP（磷酸三丁酯）的主要降解产物为DBP（磷酸二丁酯）和MBP（磷酸一丁酯）；烃类稀释剂的降解产物主要为各种醛、羧酸、不饱和烃、多种含氮化合物等，这些降解产物对铀和钚的萃取分离产生比较严重的影响。此外放射性还会对废物的外包装容器的材料性能造成损害。

4）部分放射性废物的其他特性

① 放射性废物的热效应

放射性废物（尤其是高放废物）在生成后将持续地放出大量的衰变热。在铀系的辐射过程中，三者释放的热量分别占总释热量的89%、4.5%和6.5%。高放废物和乏燃料中含有较多的长寿命α辐射体，因而可释放出较多的衰变热；中、低放废物仅含有少量长寿命α辐射体，其发热量远少于高放废物。

高放废物和乏燃料在开始数十年内的衰变热随着时间的推移而迅速减少。在100 a内，其热量主要由裂变产物释放，此后锕系核素相继成为主要释热者。因此，为减少高放废物、乏燃料的释热量，在处理前一般需要暂存一段时间。

② 易燃性

部分放射性物品具有易燃性，有的燃烧十分强烈，甚至引起爆炸，如硝酸铀和硝酸钍遇高温分解，遇有机物、易燃物都能引起燃烧，且燃烧后形成放射性灰尘，污染环境。

（2）放射性废物的核素类型

放射性核废物的放射性来自两大类元素及其放射性同位素：

1）天然放射性元素，包括铀、钍及其衰变子体核素，如镭-226（$^{226}Ra$）、铀-238（$^{238}U$），钍-232（$^{232}Th$）等。这类核素是核燃料循环前段各种工艺过程中产生的废物中的核素来源，该类核素的放射性活度较小；

2）人工放射性元素，包括反应堆中裂变产物、锕系核素和中子活化产物，如钴-60（$^{60}Co$）、锶-90（$^{90}Sr$）、铯-137（$^{137}Cs$）等。人工放射性元素的放射性活度很高，约占核废物总放射性活度的95%。

① 裂变产物

裂变产物是核裂变生成的裂变碎片及其衰变产物时，后者分裂成两个碎片。同时释放出 2～3 个中子和部分能量：

$$n + {}^{235}U \rightarrow \underset{(裂变碎片)}{f_1 + f_2} + \underset{(中子)}{(2\sim3)n} + \underset{(能量)}{200\ MeV}$$

核裂变可产生元素周期表中大部分元素的放射性同位素。由此可知，核裂变产物是核燃料循环后段产生的放射性废物中最常见的核素。在放射性废物中有两类核素需要引起注意，一是中等寿命的裂变产物。如$^{137}Cs$(半衰期为 30.2 a)和$^{90}Sr$(半衰期为 30.2 a)，它们是放射性废物中的主要热源。另一类是长寿命裂变产物，如$^{129}I$(半衰期为 $1.57\times10^7$ a)、$^{99}Tc$(半衰期为 $2.13\times10^5$ a)等，它们对于高放废物的长期故放射毒性贡献较大，属于高放废物处置中的关键核素。

② 锕系核素

在热中子反应堆中，除了发生核裂变反应外，还能发生中子俘获反应，通过一次或多次中子俘获反应。生成一些质量数更高的锕系放射性核素(如$^{239}Pu$、$^{241}Am$、$^{247}Cm$ 等)，在放射性废物中，与裂变产物相比，锕系元素种类较少。但由于它们有很长的半衰期和很高的放射毒性，同时大多数锕系元素主要放射 α 粒子，随粉尘吸入人体的内照射危害很大。因此，含有显著数量锕系元素的废物必须加以固定和封闭，以防止通过不同途径被人吸入或食入。

③ 中子活化产物

在反应堆运行过程中，还会发生中子活化反应，中子活化反应使反应堆内的结构材料、冷却剂或燃料包壳等中的一些非放射性核素(如$^{59}Co$、$^{62}Ni$、$^{13}C$ 等)转变成放射性核素(如$^{60}Co$、$^{63}Ni$、$^{14}C$ 等)。这些活化产物一般是 α、β 放射体，半衰期很短，总的放射性活度很小。

(3) 常见放射性核素

1) 铀(U)

铀是 1789 年从沥青铀矿中发现的，仿天王星的英文(Uranus)而命名，早期主要用于玻璃工业的一种黄色颜料来使用。

铀是第 92 号元素，共有 15 种同位素和 1 种同质异能素，质量数从 226 一直到 240，当然主要都是人工合成的放射性同位素，天然存在的只有 3 种，即$^{234}U$、$^{235}U$、$^{238}U$，如表 4-2 所示，其中$^{235}U$ 是核工业极其重要的核燃料。

**表 4-2 铀的天然放射性同位素**

| 同位素 | 丰度 | 衰变方式(分支比,%) | 半衰期 |
|---|---|---|---|
| $^{234}U$ | 0.005 5% | α(～100)SF(～$10^{-9}$) | $2.44\times10^5$ a |
| $^{235}U$ | 0.714% | α(100) | $7.1\times10^8$ a |
| $^{238}U$ | 99.27% | α(>00)SF(～$4.55\times10^{-5}$) | $4.51\times10^9$ a |

金属 U 具有金属光泽，密度 19.06 g/cm$^3$，熔点 1 132 ℃，沸点 3 818 ℃。铀原子较大，半径约 1.56 Å(1 Å$=10^{-10}$m)。金属铀的化学性质极其活泼，能在空气中缓慢氧化，粉末状的铀在空气中能自燃，能与沸水反应生成 $UO_2$，释放出氢气，氢又能与之生成 $UH_3$，与水蒸气的作用就更为剧烈，同时生成 $UO_2$ 和 $UH_3$。这就是在反应堆中要采用铝、锆或不锈钢作为燃料元件包壳在化学上的原因。另外，铀能与多种金属生成合金。

2）钚(Pu)

钚是1940年Seaborg用16 MeV的氘核轰击U时发现的。目前所用的钚是用天然铀为燃料的热中子反应堆中生产的，将来快中子增殖堆的增殖材料可能成为获得钚的主要来源。钚具有很高的生物毒性。

钚是第94号元素，共有15种同位素和1种同质异能素，质量数从232一直到246。其中最重要的同位素是$^{239}Pu$，如表4-3所示。

**表4-3　钚的重要放射性同位素**

| 同位素 | 衰变方式 | 半衰期/a | 主要用途 |
|---|---|---|---|
| $^{238}Pu$ | α | 87.75 | 制备核电池 |
| $^{239}Pu$ | α | 24 400 | 主要核燃料 |
| $^{240}Pu$ | α | 6 600 | |
| $^{241}Pu$ | β | 15.2 | |
| $^{242}Pu$ | α | $3.87\times10^5$ | 生产超钚元素的主要原料 |
| $^{244}Pu$ | α | $8.3\times10^7$ | |

金属钚为银白色金属，类似铁、镍，熔点641 ℃，沸点3 232 ℃。金属钚易与盐酸(HCl)作用生成蓝色的$Pu^{3+}$溶液，也易溶于其他卤化氢(如HBr、HI)的水溶液以及$HClO_4$、$H_3PO_4$中。与稀$H_2SO_4$和水的作用缓慢，与$HNO_3$和浓$H_2SO_4$则完全不起反应。

钚能与氧形成多种氧化物，其中最重要的是二氧化钚($PuO_2$)，具有熔点高、辐照稳定性好、容易制备等优点，因此作为核燃料的一种重要化学形式，其盐类在空气中热解，均能得到$PuO_2$。

3）钴(Co)、锶(Sr)、铯(Cs)

$^{137}Cs$、$^{90}Sr$和$^{60}Co$是在核设施退役及放射性三废治理工作中，经常要遇到的几种放射性核素。$^{137}Cs$、$^{90}Sr$是铀燃料元件受控裂变反应所产生的裂变产物，而$^{60}Co$是金属材料中包含的杂质$^{59}Co$受到中子活化产生的活化产物。

辐照过的铀燃料元件中的裂变产物成分十分复杂，核素的质量数在72～160之间，包含有二百种左右的放射性核素，但绝大部分核素半衰期都很短，能够提取出来的有用放射性同位素主要有$^{85}Kr$、$^{99}Tc$、$^{137}Cs$、$^{90}Sr$、$^{106}Ru$、$^{144}Ce$、$^{147}Pm$、$^{237}Np$、$^{241}Am$等半衰期相对较长的核素，另外还具有Rh、Pd、Xe等稳定同位素，它们绝大部分集中于后处理厂的放射性废液中。

在裂变产物中，$^{137}Cs$所占份额大约为6.2%，$^{90}Sr$所占份额大约为5.6%，由于两种核素的半衰期相差不大(分别为30 a和28 a)，因此在许多物料源项方面，它们的含量应该相差不大。

$^{90}Sr$是纯粹的β核素，半衰期28.8 a。其衰变子体$^{90}Y$也是一种纯粹的β核素，半衰期只有64 h。$^{137}Cs$也是β核素，$^{137}Cs$的β衰变的半衰期为30.17 a，相应的β射线强度较弱，而其衰变子体$^{137m}Ba$进行γ衰变的半衰期只有2.55 min，放射性活度很强，γ射线强度达到0.662 MeV。

$^{60}Co$是以铁为主的金属结构材料中所包含的稳定钴原子受到中子照射时发生活化反应产生的。$^{60}Co$的半衰期为5.26 a，衰变时能一次放出1个β射线和2个γ射线。其γ射线

的能量较强，常作为 $\gamma$ 射线源使用。

# 第二节　放射性废物管理

**学习目标：**了解放射性废物的管理过程及基本步骤。

## 一、放射性废物管理

放射性废物形式多种多样，其物理和化学性质、放射性浓度或活度、半衰期和生物毒性差别很大，与其他废物不同，放射性废物的危害作用不能通过化学、物理或生物方法消除，只能通过自身衰变或核反应来降低其放射性水平，最后达到无害化。

《放射性废物管理》(GB 14500—2002)对放射性废物管理的定义为包括放射性废物的预处理、处理、整备、运输、贮存和处置在内的所有行政管理和运行活度。通常把有潜在的利用价值的放射性污染设备和材料的管理和退役与环境整治也包括在放射性废物管理范围内。从核设施整个生命周期来看，放射性废物的产生阶段实行废物分类收集、清理去污等最小化管理措施也应属于放射性废物管理的内容。放射性废物管理应实行从产生到处置的全生命周期全过程的优化管理。放射性废物管理以“安全”为目的，以“处置”为核心。

## 二、放射性废物管理原则

放射性废物不恰当管理会在现在或将来对人类健康和环境安全造成不利影响。国际原子能机构(IAEA)在 1995 年发布了放射性废物管理的九条基本原则：

(1) 保护人体健康；

(2) 保护环境；

(3) 超越国境的考虑；

(4) 保护后代；

(5) 不给后代增加不适当的负担；

(6) 建立国家法律框架；

(7) 控制废物的产生；

(8) 废物产生和管理间的相依性；

(9) 确保设施寿期内的安全。

放射性废物管理的辐射防护与安全应贯彻国家标准《电离辐射防护与辐射源安全基本标准》(GB 18871—2002)所提出的要求：

(1) 实践的正当性；

(2) 防护与安全最优化；

(3) 个人剂量与危险限值；

(4) 干预的正当性和干预措施最优化。

## 三、放射性废物管理的内容

对放射性废物产生来说，为减小废物产生量，在工艺设计时应优化工艺设计，在设施运行时应防止废物混装，进行废物分类收集、清理去污等废物最小化处理，可以减小废物产生活度和体积。废物预处理时一般是在专用的设施或设备中进行，通过预处理可以进行废物分类收集，防止混杂和调整废物性质，预处理可以分选出不适宜后续工序处理的废物，为后续处理提供良好的条件。废物的产生和预处理阶段可以将非放废物、可循环利用的废物从放射性废物中分离出来，对实施废物最小化具有重要意义。

需要指出的是，放射性废物管理不仅针对核设施运行产生的废物，还包括核设施退役和环境整治产生的废物。在放射性废物管理中，废物的处理与处置是重点，也是最艰巨的管理任务。为此，许多国家花费了大量的人力、物力和财力，开展了广泛的放射性废物处理与处置研究和应用，也取得了大量的科研成果，积累了丰富的实践经验。

放射性废物处置前的管理包括废物处置前的全部活动，如预处理、处理、整备、贮存和运输。处置前的管理是一个涉及辐射、环境安全、处置费用，并且受公众关注的系统工程，如图4-1所示。因此，必须充分考虑各个因素的相互影响，综合评估不同的处理方案，以确定最佳的处理方案，从而保证预处置各步骤之间协调一致，实现放射性废物安全、有效与经济的最终处置。

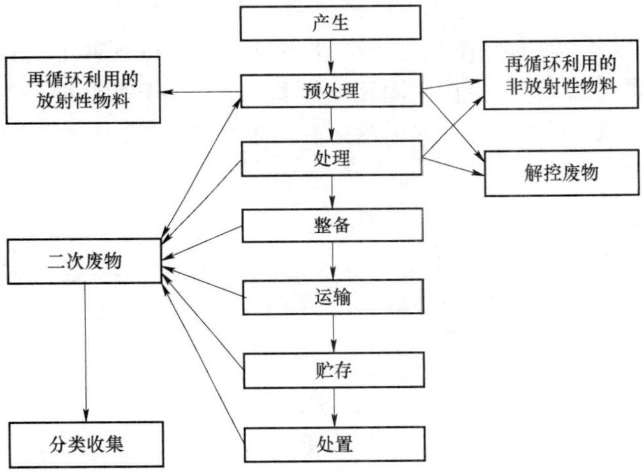


图 4-1　放射性废物管理体系图

## 第三节　放射性废液整备技术

**学习目标：**了解放射性废液整备的含义，掌握水泥固化、大体积浇注、玻璃固化等废液整备技术的基本方法。

### 一、基本概念

整备是放射性废物处置前的一个重要步骤，放射性废物整备是指为形成一个适于装卸、运输、贮存和或处置的货包而进行的操作，包括把液体废物转化为固体形态、把废物封装在容器中和必要时提供外包装。其目标是把废物转变成符合后续过程废物接收准则要求的废物体或废物包，保证搬运、运输、贮存和处置过程中的安全。放射性废液在处置之前都应转化为某种稳定、牢固、惰性的固体形态，以避免由于自然过程而造成的放射性核素的迁移和扩散,从而实现安全处置。目前,关于放射性废液的整备,世界上许多国家都在大力研究和应用固化方法。

固化是指使液体或类似于液体的物质转变为固体的方法,通常形成一种易于搬运或加工、物理性能稳定、不易弥散的物体。放射性废液固化方法较多,按照使用的基材不同,可以分为水泥固化、沥青固化、塑料固化、玻璃固化、陶瓷固化、人造岩石固化等。从经济角度上讲,前 3 种适于中、低放废液的处理,后 3 种适于高放废液的处理。

放射性废液的固化处理对固化体的放热性能、机械强度、浸出性能、化学稳定性、耐辐照性能、抗浸泡性能、抗冻融性能以及固化过程的减容比都有一定的要求。

## 二、水泥固化

对中、低放废液固化而言,工业上应用较多,且技术比较成熟的方法是水泥固化。其基本操作是将水泥、废液、添加剂按一定比例添加混合,在常温下硬化成废物固化体。在物料混合过程中,水泥中的组分与水发生一系列的水化反应,释放出热量,废液中的放射性核素随之被包容在硬化了的水泥块中。该方法具有设备和工艺简单,操作方便、安全;固化原料易得、价低、能耗小、成本低;固化体机械强度高,耐热性好,抗辐照能力强;产品屏蔽性能良好等优点。该方法也有其缺点,固化后固化体体积增大,对于高含盐废物,盐分会干扰水泥的水化反应。水泥固化工艺较多,分为桶内固化、桶外固化、桶内吸收、大体积浇注、水力压裂等。

1. 桶式水泥固化

桶内混合搅拌水泥固化工艺如图 4-2 所示,按一定比例将水泥、废液、添加剂依次投入废物贮存桶内,同时插入搅拌桨搅拌,待搅拌均匀后,移出废物桶,封盖,养护硬化。搅拌桨有两种方式:

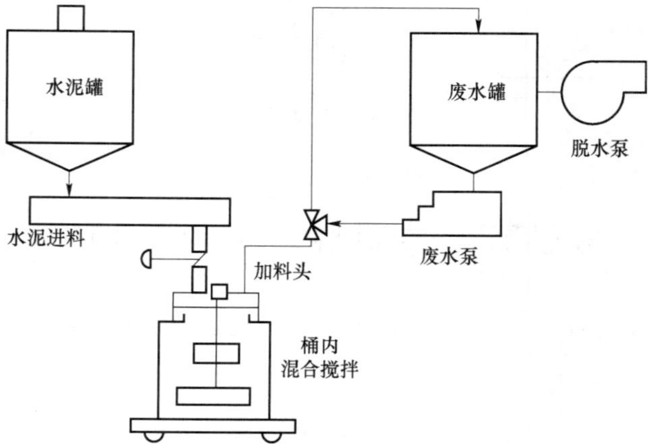


图 4-2 桶内搅拌工艺流程简图

(1) 采用可处置搅拌桨,即搅拌桨在搅拌完毕后留着桶内,作为废物固化在桶内,这种搅拌桨适用于废液量年产生率小的核电站或研究院所,且搅拌桨在完成均匀搅拌的情况下,材料必须便宜。

(2) 搅拌桨重复使用,即在封盖前先将搅拌桨提升出来。为防止处理区域和废物桶外壁沾污，每次必须擦去搅拌桨上残留的水泥渣并冲洗搅拌桨。

桶外搅拌工艺如图 4-3 所示，是水泥和废液分别计量后，送入混合器，搅拌均匀的水泥灰浆直接注入废物接收桶，废物桶充满后加盖，经密封、检测后送往暂存库。每次运行结束后混合器需要清洗，清洗水可循环使用。

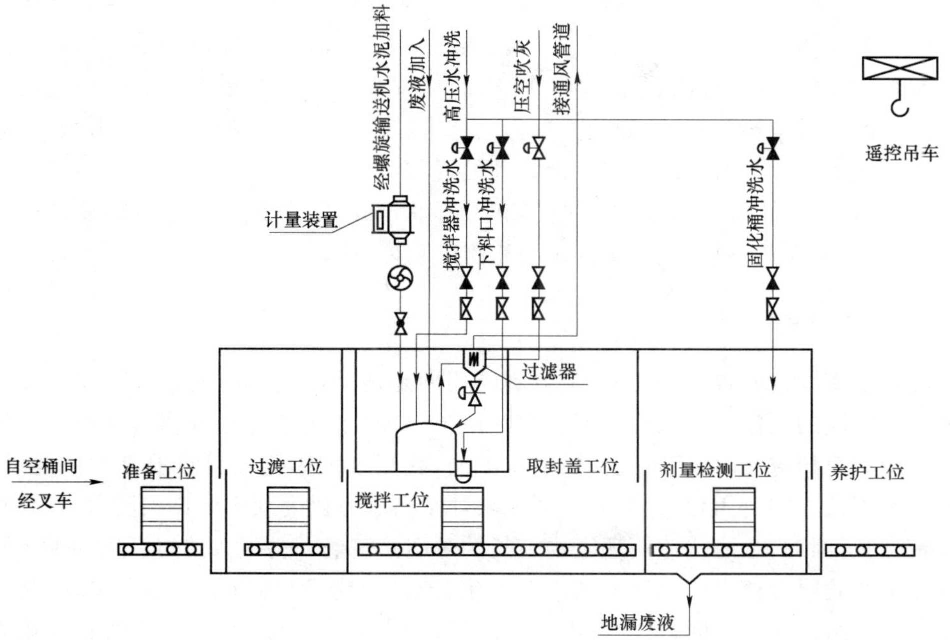


图 4-3 桶外搅拌工艺流程简图

2. 大体积浇注

20 世纪 80 年代末，美国开发了大体积浇注水泥固化法，成功将放射性废液处理与处置结合起来，为中低水平放射性废液水泥固化处理与处置开辟了一条新的道路。对于某些地处特定地理与地质环境的核设施，其运行过程中产生的低、中放废物，可以就地或在场址附近与水泥混合，并注入混凝土地窖或地沟中进行处置，这就免除了水泥固化体的包装、暂存和运输，也减少了对人员的辐照剂量。

大体积浇注水泥固化工艺与传统水泥固化工艺相比具有较多的优点，例如，不需要放射性固化体贮存、运输，处理处置成本低，工艺设备及操作简单等。美国利用大体积浇注水泥固化工艺成功处理与处置了上万立方米的低放废液，我国于 20 世纪 80 年代着手研究大体积浇注水泥固化技术，在此基础上，建成了大体积浇注水泥固化工程，并成功用于中放废液的处置。

3. 水力压裂

水力压裂工艺是美国橡树岭国家实验室开发的用于处置中放废液的工艺，该工艺选用石油工业成熟的压裂技术和设备，把核素固结在地下水位置以下的稳定的地质构造力对废物进行处置。中国自 20 世纪 80 年代以来一直在发展水力压裂技术。

水力压裂工艺是将中放废液和水泥及添加剂混合，通过深井注入由水压力在几乎不渗透的岩层中产生的裂缝。注入的浆料在压力下凝固成浆片，最终浆片成为整个页岩层的一部分，使废物固定在低渗透性页岩介质中。美国橡树岭国家实验室对此方法进行环境影响分析得出的结论是:正常运行对安全的影响极小;事故情况不大可能发生;可能的事故情景引起的放射性核素最终释放很小或不会引起放射性核素最终释放。与固化和贮存的其他可选方法相比,水力压裂法将废液和泥浆固化和永久处置中地质隔绝区域内,投资和运行费用少。美国在1984年终止了该项目。

中国在20世纪90年代初进行了选址、实验室研究和验证试验。1996年在四川某地进行了首次热试。到2006年已经进行了12次热试验,共处置中放废液约数千方。未发生任何人身及环境事故,各项监测数据表明,12次的热试验后厂房周围无明显辐射影响。由于水力压裂技术跨多学科领域,集处理处置为一体,通过12次工程热试验研究和成功运行,证明水力压裂技术是一种可行的中放废液处理处置方法。

2008年汶川地震,水力压裂场址在其范围内,场址的地质和水文地质特征是否因这次地震而发生改变,还待评价,因此中国水力压裂工程停止运行。

### 三、玻璃固化

对高放废液固化而言,目前工业上得到应用的是玻璃固化。法国是最早使用玻璃固化法处理高放废液的国家,美国、俄罗斯、印度、德国、日本等国家也对玻璃固化进行了深入的研究和工业规模的应用,处理了大量的高放废液,我国玻璃固化项目目前已完成建设,开始设备的安装调试。陶瓷固化、人造岩石固化均处于实验室研究或中间试验阶段,需要攻克大量的技术难题,因此,工业化应用还需要较长的时间。玻璃、陶瓷、人造岩石固化的主要优点是固化体中的放射性核素的浸出率比水泥固化、沥青固化、塑料固化体小得多,但其工艺成本要比后三者高得多。因此,尽管有些国家应用玻璃固化、陶瓷固化、人造岩石固化方法对中低放废液进行处理研究,并取得了良好的效果,但从经济角度上讲,这3种方法主要用于体积较小的高放废液的处理。

玻璃固化是将高放废液与玻璃基料以一定比例混合后,置于固化设备中蒸发、煅烧、高温熔融,经退火后成为包容有废物的具有网络结构的非晶质(玻璃)固化体,这是目前国际上工艺较成熟、应用最广的高放废液固化技术。

陶瓷固化是将高放废液与天然矿物或人工合成陶瓷基料以一定比例混合,置于固化设备中蒸发、煅烧、高温熔融冷却后得到包容有废物的稳定的晶相陶瓷固化体,该方法处于试验阶段,且成本较高。

人造岩石固化属于陶瓷固化范畴,人造岩石是指钛酸盐陶瓷。人造岩石固化被称为第二代高放废液固化技术,但工艺复杂、成本高昂。

## 第四节　放射性固体废物处置技术

**学习目标:**了解处置基本概念,高中低放废物处置技术。

### 一、概述

放射性废物处置是放射性废物管理的最终环节,也是放射性废物管理的最重要环节。关于放射性废物处置,我国标准《放射性废物管理规定》(GB 14500—2002)给出了定义:将废物放置在一个经批准的、专门的设施(例如近地表或地质处置库)里,预期不再回取,处置也包括经批准后将气态和液态流出物直接排放到环境中进行弥散。从该定义可以看出，放射性废物处置包括气体废物处置、液体废物处置和固体废物处置。废物处置的目标是将废物与人类及环境长期、安全地隔离，使它们对人类环境的影响减小到可合理达到的尽量低水平。放射性废物的优化管理和安全处置，是保证核能可持续发展的关键因素之一，也是公众所关注的保护人类赖以生存的环境的大问题。

对于放射性废物的处置，曾使用的方法或目前正在使用的方法或设想主要包括有陆地处置、海洋处置、冰层处置、太空处置等，比较现实和安全的方法主要是陆地处置。

(1) 陆地处置

放射性废物陆地处置是研究和应用最多的方法，陆地处置又包括浅层填埋、近地表处置、中等深度处置和深地质处置等。各种处置方法的处置深度和对象如表 4-4 所示。

**表 4-4　各种陆地处置方法的处置深度和对象**

| 处置方式 | 处置深度 | 处置对象 |
| --- | --- | --- |
| 浅层填埋 | −10～−15 m | 极低放废物 |
| 近地表处置 | −15～−30 m | 中低放废物 |
| 中等深度处置 | −30～−300 m | 含长寿命核素的中放废物 |
| 深地质处置 | −300 m 以下 | 高放废物和 α 废物 |

(2) 海洋处置

海洋处置是曾经使用过的方法，目前已被禁止使用。所谓放射性废物海洋处置，通常是指将低水平放射性废物向海洋倾倒，即将科研、医疗、核燃料循环中产生的各种低水平放射性废物的水泥固化体或沥青固化体，装在特制的金属桶中，投入到深度在 4 000 m 以下的深海底对其进行处置。1946 年，美国在离加利福尼亚海岸 80 km 的东北太平洋中，进行了世界上的第一次放射性废物海洋倾倒。1946—1969 年，美国在太平洋 5 个地区共倾倒了 5 538 桶放射性废物。1946—1967 年，美国在大西洋 5 个地区倾倒了 34 083 桶放射性废物。除美国之外，其他国家如英国、荷兰、比利时、瑞士、日本等也曾向海洋倾倒过废物。海洋处置法的主要缺点是：

1) 不能对处置的废物进行控制；

2) 目前的条件下还不能对处置的废物作出准确的安全评价；

3) 对废物中放射性迁移的监测还存在相当的困难；

4) 某些自然现象(如深海地震和火山爆发)对放射性核素的扩散可能起到很大的影响；

5) 海产品对放射性核素的富集。

(3) 冰层处置

这是美国地质调查队于 1972 年在巴黎召开的后处理放射性废物管理会议上提出的一种处置方法。将放射性固体废物运至南极，将其置于冰层上，利用放射性废物释放出的热量，融出一个冰罩矿井，然后将放射性废物封住，放射性废物容器慢漫沉到冰-岩石界面。据估计，采用该方法能使废物在界面上贮存十万年，但有关南极冰层的稳定性以及未来气候变化方面的资料较少且很不准确。因此，该处置方法目前只是一种设想。

(4) 太空处置

太空处置也是一种设想。该设想是利用火箭等运载工具将放射性废物送至地球以外的宇宙空间,使废物永远脱离生物圈。应用该处置技术的主要限制是费用昂贵,以及发射系统和推进系统的可靠性、安全性。

## 二、中、低放射性废物的处置

中、低放废物通常是半衰期小于 30 a 的短寿命放射性废物,包括$^{90}Sr$和$^{137}Cs$,中低放废物也可能含有不超过规定比活度限值的长寿命核素。它包括液体、泥浆及多种材料,如防护服、动物遗骸、玻璃器皿、离子交换树脂、管道阀门及纸张等。这些放射性废物中的大多数来自核电站、后处理工厂、研究实验室、医院、工业设施和大学研究机构。中、低放废物处置曾采用或目前正在使用或研究的方法主要包括:

(1) 海洋倾倒

这种方法已被禁止使用。

(2) 岛屿处置

这是综合利用陆地处置和海洋处置的一种方式,即利用荒无人烟、远离大陆、地质条件许可的海岛作为低水平放射性废物处置场地。该处置方法的优点是,可以利用岛上的岩石作为屏障,使放射性废物与人类环境隔离。

(3) 深钻孔处置

这种方法是利用钻机在地表以下钻一深孔,将放射性废物放入该孔中进行处置。该方法具有处置技术简单、处理费用低等优点。但在应用上,它也具有一定的局限性,该方法要求围岩中地下水流速接近于零,岩石渗透率极低,地下水位的波动不会导致钻孔中处置废物的核素迁移,不会影响人类的安全。

(4) 中等深度处置

这种处置方式包括废矿井、天然岩洞、人工挖掘的竖井或钻孔,以及地下工程(隧道、军事工程等)处置,这是一种安全处置放射性废物的方法。通常采用的废矿井包括盐矿、铁矿、铀矿和石灰石矿等。该方法的不占用大面积的土地,贮存空间大,处置深度较深。

但是,该方法在应用过程中常受到一些具体条件的限制,如废矿井离废物产生地的距离较远,矿井内地质构造发育,需对废矿并进一步支撑和维护等。

(5) 近地表处置

低、中放废物近地表处置是应用最早、最广泛的一种处置方式。所谓近地表处置是在地表或地下,具有防护附盖层,有工程屏障或没有工程屏障的浅埋处置,深度一般在地面下 30 cm 以内。这种处置方式是利用处置场地层岩土的良好的离子交换和吸附性能,并通过设置工程屏障等措施改善场址的屏障功能,使废物中的放射性核素限制在处置场范围内,以防止放射性核素以不可接受的浓度或数量向环境扩散而危及人类安全。

所谓处置场是指处置废物的一个陆地处置设施区,它由若干个处置单元、构筑物和场区所组成,包括处置单元构筑物、多层顶盖层、处置场地质和水文地质单元等。各部分既相互独立,又有一定的内在联系。

在中、低放废物屏障系统中,各个屏障按其功能基本上可分为隔水屏障(如废物包装容器、混凝土构筑物、某些回填材料等)和放射性核素滞留屏障(如废物体、包气带岩土介质、含水层岩土介质等)两个层次,但它们往往互相兼存,相互补充,构成了一个纵深防御体系。多重屏障系统的设计是按分层互补原则进行选择和配置的,即某一屏障失效后,其他的屏障可以作为补充，而不至于影响废物处置的安全性。

### 三、高放废物的处置

高放废物主要来自核燃料后处理厂的高放废液及其固化体，以及直接当废物处置的乏燃料元件。前面已讲过，高放废物具有极高的毒性和辐照水平，且有较强的释热率。因此，高放废物处置比中、低放废物处置难得多，高放废物处置的目的主要包括：

(1) 使废物与人类隔离(10 000 a 以上)，人们将不会有意或无意地接近这些废物。

(2) 使废物与循环的地下水隔离，切断最有可能将废物带到人类环境的通路。

20 世纪 60 年代以来，各国科学家对高放废物处置进行了大量研究，提出了许多处置方案，包括深地质处置、海洋底部沉积层处置、宇宙处置、极地冰层处置等。但目前能为人们接受并且切实可行的方案只有深地质处置。

所谓深地质处置是指在深度 300 m 以下的稳定地质层中，采用人工屏障和天然屏障相结合的多重屏障隔离体系将高放废物与人类生活圈长期安全隔离的一种处置方式。

高放废物与生物圈隔离是一个重要且十分复杂的问题。首先必须指出，隔离是一个相对的概念，并不意味着在所有处置库条件下都相同，因为它取决于国家的政策和安全性概念。同时，高放废物中的某些放射性核素具有很长的半衰期，要完全封隔到衰变掉也是不现实的，因此，设计一个合理的隔离系统方案应基于多重互补的屏障，使他们合在一起能达到以下目标：

(1) 限制地下水接近废物包。

(2) 限制废物体溶解和放射性核素迁移。

(3) 限制放射性核素通过吸着和别的地球化学过程而迁移。

(4) 在一段时间实现完全隔离，随后以限制的速率释放。

## 第五节　放射性废物整备、处置标准法规

**学习目标：**了解目前与放射性废物整备、处置相关的现有的法律法规及其主要内容。

与放射性废物整备、处置相关的现有的法律法规主要有《中华人民共和国环境保护法》《中华人民共和国放射性污染防治法》(具体内容见第六章)、《中华人民共和国职业病防治法》《中华人民共和国大气污染防治法》《中华人民共和国水污染防治法》《中华人民共和国海洋环境保护法》《中华人民共和国环境影响评价法》《中华人民共和国固体废物污染环境防治法》。

当前，颁布的条例中涉及放射性废物管理的有《中华人民共和国民用核设施安全监督管理条例》《放射性同位素与射线装置放射防护条例》(国务院第 449 号令)。国家核安全局颁布有《放射性废物安全监督管理规定》(HAF401)等 35 个部门规章。

目前，已发布的放射性废物管理标准有 70 余种。在体系结构上，放射性废物管理标准包含了 3 个方面，即通用标准、废物管理各步骤的标准(如废物的产生、预处理、处理、排放、整备、贮存、运输、处置、设施退役与环境整治等)，其中涉及放射性废液整备及废物处置主要的国家标准(GB)、国家推荐标准(GB/T)、行业标准(EJ)、行业推荐标准(EJ/T)，如表 4-5 所示。

**表 4-5 放射性废液整备及废物处置标准**

| 标准号 | 名称 | 主要内容 |
| --- | --- | --- |
| 基础标准 | | |
| GB 9133—1995 | 放射性废物的分类 | 标准规定了放射性废物的分类分级准则。适用于一切生产、研究和使用放射性物质,以及处理、整备、退役等过程中产生的放射性废物 |
| GB 14500—2002 | 放射性废物管理规定 | 标准规定了放射性废物的生产、收集、预处理、整备、运输、贮存、处置与排放等各个阶段以及退役和环境整治等有关活动的管理目标和基本要求。适用于核燃料循环各环节所产生的放射性废物的管理 |
| GB 18871—2002 | 电离辐射防护与辐射源安全基本标准 | 标准规定了对电离辐射防护和辐射源安全的基本要求。适用实践和干预中人员所受电离辐射照射的防护和实践中源的安全 |
| GB/T 4960.8—2008 | 核科学技术术语第 8 部分:放射性废物管理 | 有关放射性废物管理的基本术语及其定义 |
| 废物整备 | | |
| GB/T 7023—2011 | 低、中水平放射性废物固化体标准浸出试验方法 | 标准规定了在实验室条件下,低、中水平放射性废物固化体浸出性能检测的试验方法。适用于比较和评价废物固化体在实验室控制条件下的抗浸出性能 |
| GB 12711—1991 | 低中水平放射性固体废物包装安全标准 | 规定了有关低、中水平放射性固体废物包装安全的设计、制造要求;放射性限值和表面污染限值;标志和标签及堆贮搬运操作要求等。适用于各类核设施、核研究所及同位素生产和应用单位所产生的低、中水平放射性固体废物包装 |
| GB 14569.1—2011 | 低中水平放射性固化体性能要求水泥固化体 | 标准规定低、中水平放射性废物水泥固化体的最低性能要求和检验方法。适用于近地表处置的水泥固化体,大体积水泥浇注固化体除外 |
| EJ 1042—1996 | 低中水平放射性固体废物包装容器钢桶 | 对低中水平放射性固体废物的钢桶类型、基本尺寸、技术要求、试验方法、验收规则等作出了明确的规定 |
| EJ 1076—1998 | 低中水平放射性固体废物包装容器钢箱 | 标准规定了低、中水平放射性固体废物管理所使用的钢制箱型、型号、规格、技术要求、试验方法和标志等。适用于满足低、中水平放射性固体废物的处理、整备、贮存、转运、运输和处置所需要的钢制箱形容器 |
| EJ 914—2000 | 低中水平放射性固体废物的混凝土容器 | 标准规定了低、中水平放射性固体废物混凝土容器的规格、尺寸、制造技术要求和检验规则。适用于一切贮存、运输或处置低、中水平放射性固体废物的混凝土容器 |
| EJ 1186—2005 | 放射性废物体和废物包的特性鉴定 | 标准规定了放射性废物体和废物包性能及其检验方法的基本标准 |
| 废物处置 | | |
| GB 13600—1992 | 低中水平放射性固体废物的岩洞处置规定 | 标准规定了低中水平放射性固体废物岩洞处置场的选址、设计、建造、运行、关闭和监督及其安全分析与环境影响评价的基本要求。适用于在废矿井、现有人工洞室、天然洞以及专门为处置废物而挖掘的岩洞中的废物处置 |

续表

| 标准号 | 名称 | 主要内容 |
| --- | --- | --- |
| GB T15950—1995 | 低中水平放射性废物近地表处置场环境辐射监测一般要求 | 标准规定了低、中水平放射性废物近地表处置场不同阶段环境辐射监测的目标、内容和要求。适用于低、中水平放射性废物近地表处置场的常规环境辐射监测，岩洞处置场也应参照使用 |
| GB 16933—1997 | 放射性废物近地表处置的废物接收准则 | 标准规定了低、中水平放射性固体废物近地表处置时接收的基本要求、准则和质量保证。适用于所有向上地表处置场发送的废物，其中主要是企业、核燃料循环和核设施退役所产生的废物 |
| HJ T23—1998 | 低中水平放射性废物近地表处置设施的选址 | |
| EJ 1109.1—2000 | 低中水平放射性废物近地表处置设施设计准则——非岩洞型处置 | |
| EJ 1109.2—2002 | 低、中水平放射性废物近地表处置设施设计规定——岩洞型处置 | |

# 第六节　核安全与辐射防护

**学习目标：**了解核安全的概念和核安全文化，熟悉辐射防护基础知识，掌握辐射的危害及防护措施。

## 一、核安全知识简介

1. 核安全的概念

核安全是指在核技术的研究、开发和应用各个阶段，或在核设施设计、建造、运行和退役的各个阶段，为使核技术应用过程中或核设施运行和退役过程中对从业人员、公众和环境的不利影响降低到可接受的水平，从而取得公众的信赖，所采取的全部理论、原则和全部技术措施及管理措施的总称。

国际原子能机构将核安全、辐射安全、放射性废物安全和放射性物质安全统称为核安全。

2. 核安全文化概述

“核安全文化”是国际原子能组织在总结前苏联切尔诺贝利事故经验教训的基础上，基于“核安全是核能与核技术利用的进步基础和世界和平与发展所必需”的这一国际共识，超越国家、组织和员工传统的保证核安全的共同价值观和行为方式。

(1) 核安全文化三个主要特征

1) 遵循统一的核安全基本原则；

2) 主动精神；

3）有形导出。

(2) 核安全的八大原则

1)核安全人人有责；

2）领导做安全的表率；

3）建立组织内部的高度信任；

4）决策体现安全第一；

5）认识核技术的特殊性和独特性；

6）培育质疑的态度；

7）倡导学习型组织；

8）评估和监督活动常态化。

3. 核安全文化的组成

安全文化有两大组成部分:第一,是单位内部的必要体制和管理部门的逐级责任制;第二,是各级人员响应上述体制并从中得益所持的态度。图 4-4 所示的是安全文化的具体组成部分,核安全文化是所有从事与核安全相关工作的人员参与的结果。

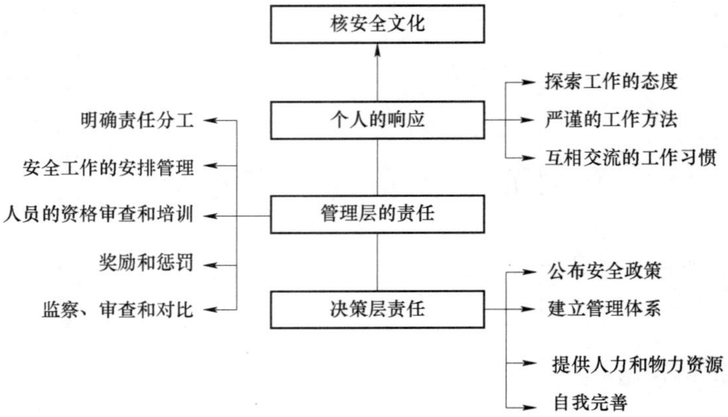


图 4-4 核安全文化的内容

核安全文化对决策层、运行管理部门和个人提出了严格的要求:

(1) 对决策层的要求

1) 政府的职责是审管企业及其他潜在的有害设施和活动的安全法规,以保护职工、公众和环境;管理部门拥有足够的人力、资金和权力履行其义务,使工作不受任何不必要的干扰,以便在全国范围内形成一种氛围,即安全是每天都要关心的事项。

2) 对管理决策层而言,他们必须通过自己的具体行动为每个工作人员创造有益于核安全的工作环境,培养他们重视核安全的工作态度和责任心。领导层对核安全的参与必须是公开的,而且有明确的态度。

(2) 对运行管理部门的要求

核安全应以营运机构为重点,因为营运机构人员的行为和核工安全之间的联系最为紧密。核工厂发生的任何问题在某种程度上都来源于人为的错误。核工厂营运机构以及所有其他与安全相关的单位都必须提高安全文化,以防止人为错误的发生,并从人类活动的积极方面获得好处。

(3) 对个体的行为要求

安全文化水平的高低,也直接取决于企业的每一个员工。安全文化指的是“从事任何与企业核安全相关活动的全体工作人员的献身精神和责任心”。人的才智在查出和消除潜在的问题方面是十分有效的,这一点对安全有着积极的影响。

4. *核安全文化推行*

在核安全文化推行过程中,一般应注意的问题包括:

(1) 安全文化不是通俗意义上的“文化”,而是存在于单位和个人中的种种特性和态度的总和,它建立一种超出一切之上的观念,即安全问题要保证得到应有的重视。

(2) 安全文化既是态度问题,又是体制问题;既和单位有关,又和个人有关,同时还涉及在处理所有安全问题时所应该具有的正确理解能力和应该采取的正确行动。

(3) 组织与个人的关系:组织必须创造正确的机制去鼓励正确的态度,而个人必须有正确的态度去支持能创造良好安全文化的组织机制。

(4) 安全文化实质上是一种手段,它能使所有单位和个人都对安全密切关注。它强调人因在保证安全上的主导作用,并以此促进外界条件改善,从而提高整体安全文化水准。

(5) 培育良好的安全文化,特别需要企业高层领导重视,制订安全政策,各级干部起表率作用,严格要求,全体员工积极响应,通力合作,持之以恒,再加上外部影响与帮助,才能逐渐形成。

(6) 目标是要建立良好的安全文化,但到达它的路径和程序须由各单位结合自己的特点去创造。

(7) 建设安全文化符合成本效益原则。安全文化有利于早期发现事故隐患,并消除之,从而减少事故,降低运行和维护成本。

(8) 安全文化建设决不能只停留在形式上,而要融会、贯穿在企业的一切活动之中,这是最重要的一点。

## 二、辐射防护知识

1. *原子结构、元素*

原子是构成物质的基本单元。不同元素的原子具有不同的性质,但原子的构造是相似的。原子由原子核和围绕原子核的电子组成,如图 4-5 所示。原子核带正电,原子核外的电子带负电,一般的原子因原子核所带正电荷量与核外电子所带负荷量相等,故显现出电中性。当原子失去或得到核外电子而带有电荷时称之为离子。

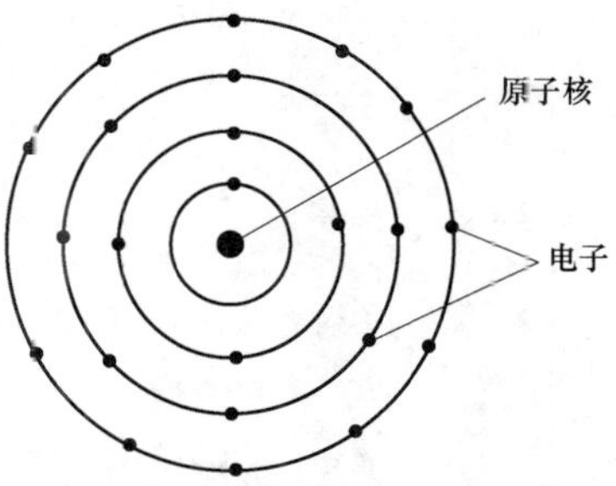


图 4-5　原子结构示意图

原子核由带正电的质子及不带电的中子组成。质子和中子统称为核子。原子核的质子数($Z$)与中子数($N$)之和为原子核的质量数($A$),即:

$$A=Z+N$$

质量数 $A$ 是一个无量纲的数,其数值等于原子核内质子数与中子数之和。通常用 $Z$ 表示原子结构,X 代表元素符号。

元素指原子核内质子数相同的一类原子的统称。核素指原子核中有相同质子数和中子数的同一类原子的总称。用原子核中的质子数 $Z$ 表示该元素的原子序数,不同的元素的原子序数用 $Z$ 的数值从 1 到 92 来代表。近些年来,在实验室内制造出原子序数比铀(原子序数 92)更高的新元素,即超铀元素。同位素指具有相同的原子序数,但质量数不同的核素,如$^{235}U$、$^{238}U$,它们在周期表上占有同一位置,故称为同位素。同位素有稳定的和不稳定的,不稳定的同位素叫放射性同位素。

原子核外的电子是按轨道层分布的,在某一轨道上绕行的电子具有一定的能量,越外层轨道上电子的能量越高。原子在正常状态时,电子在距原子核最近的轨道上运行,此时原子能量最小,也最为稳定。当从外界输入能量给原子时,电子吸收外来能量从能量较低的轨道跃迁至能量较高的轨道而处于激发状态,激发状态的原子是不稳定的,即电子跃回到低能轨道,多余的能量视其大小不同,以 X 射线或可见光的形式放出。

2. 放射性

原子核自发地放出各种射线的现象叫放射性。一种元素的原子核自发地放出某种射线而转变成别种元素的原子核的现象叫放射性衰变。能够发生放射性衰变的核素叫放射性核素。大量研究表明,对放射性核素加温、加压或外加磁场,都不能抑制或显著改变射线的发射,究其原因在于放射性现象是由原子核的变化引起的,与核外电子的状态关系很小。

3. 放射性衰变

原子放射出 α 粒子的衰变为 α 衰变,放射出 β 粒子的衰变为 β 衰变,放射出 γ 射线的衰变为 γ 衰变。发生衰变前的核为母体,衰变后的核为子体。

放射性核素放射出的射线一般具有以下几种性质:(1)能使气体电离;(2)能激发荧光;(3)能使照相底片感光;(4)具有穿透可见光所不能穿透的一些物体的本领;(5)能破坏生物细胞组织。

放射性物质的衰变速度有快有慢,它是放射性同位素的特性,不会因外加因素(如温度、压力等)的改变而改变。对于特定的放射性物质,其衰变速度是恒定的。各种放射性同位素都有各自的衰变速度,相对衰变速度即为衰变常数 $\lambda$。

大量的研究表明,所有的放射性物质其原子核数目随时间 $t$ 的变化都遵守一种普遍的衰变规律,放射性同位素的相对衰变速度为单位时间内发生衰变原子核的数目与尚未衰变原子核的数目之比。测量发现,放射性核素的衰变服从指数衰减规律,即放射性物质的原子数随时间成指数规律减少:

$$N=N_0 e^{-\lambda t}$$

式中,$N$——放射性物质 $t$ 时间内未衰变的原子数;

e——自然对数的底数;

$N_0$——放射性物质原有的($t=0$ 时)原子数;

$\lambda$——放射性物质的衰变常数。

4. 辐射的类型

电离辐射:α 粒子、β 粒子、质子等都带电荷,与物质作用时可直接引起物质的电离,X 射线、γ 射线和中子等都不带电荷,但在与物质作用时会产生次级粒子而使物质电离,这些现象叫电离辐射,简称辐射。电离辐射是波长短、频率高、能量高的射线。

天然放射性核素放出的射线主要有三种，即α射线、β射线和γ射线。

(1) α射线

α射线是带有两个单位正电荷的氦原子核的粒子流。α粒子贯穿本领很小，在空气中射程为2～9 cm，在水和生物组织内为0.02～0.06 mm，因此，用一张纸或皮肤就可以屏蔽住α粒子，其外照射可不考虑。但是α粒子具有很强的电离作用，防护主要是内照射防护。

(2) β射线

β射线是由原子核发射出来的高速运动的电子流或正电子流。发射电子时称为$\beta^-$射线，发射正电子时称为$\beta^+$射线。平常所说的β射线通常是指$\beta^-$射线。β射线具有较大的贯穿能力和较小的电离作用，它在空气中的射程为3 m，在生物组织中的射程为5 mm。因此，用有机玻璃、木板等就可挡住大部分的β粒子。β射线的电离能力较同样能量的α射线要低数倍，但高于γ射线、X射线。β射线对机体作业既有外照射情况也有内照射情况。

(3) γ射线

γ射线是波长极短($1.2\times10^{-12}$ m)的电磁波，即光子流。其运动速度为$3\times10^{8}$ m/s。它具有极大的穿透能力和很小的电离作用，能穿透人体，过量的照射会危害人体健康。三种射线比较结果见表4-6。

**表4-6 能量为$2\times10^{6}$ eV的三种射线电离密度和穿透能力比较**

| 辐射类型 | 在空气中射程/m | 电离密度(1 mm粒子对数) |
|---|---|---|
| α射线 | 0.01 | 6 000.0 |
| β射线 | 10.00 | 6.0 |
| γ射线 | 600.00 | 0.1 |

5. 半衰期

在放射性核素中，虽然所有的原子核都有可能发生衰变，但并不是同时进行的，习惯上常用半衰期来表征放射性核素衰变的快慢。半衰期是指一定量的某种放射性核素的原子核衰减到一半所需的时间。半衰期是放射性核素的一个特征常数，它不随外界条件和核素的物理化学状态的变化而改变，不同的放射性核素具有不同的半衰期，而且差别很大，具体见表4-7。

**表4-7 一些重要的放射性核素的半衰期**

| 核素名称 | 核素符号 | 半衰期 | 衰变类型 |
|---|---|---|---|
| 钴-60 | $^{60}_{27}Co$ | 5.3 a | β,γ |
| 锶-90 | $^{90}_{38}Sr$ | 28 a | β |
| 铯-137 | $^{137}_{55}Cs$ | 30 a | β,γ |
| 钷-147 | $^{147}_{61}Pm$ | 2.6 a | β |
| 铀-234 | $^{234}_{92}U$ | $2.44\times10^{5}$ a | α |
| 铀-235 | $^{235}_{92}U$ | $7.1\times10^{8}$ a | α |
| 铀-238 | $^{238}_{92}U$ | $4.5\times10^{9}$ a | α |
| 镭-226 | $^{226}_{88}Ra$ | 1 600 a | α |

续表

| 核素名称 | 核素符号 | 半衰期 | 衰变类型 |
| --- | --- | --- | --- |
| 钚-239 | $^{239}_{94}Pu$ | 24 000 a | α |
| 钍-232 | $^{232}_{90}Th$ | $1.4\times10^{10}$ a | α |
| 钾-40 | $^{40}_{19}K$ | $1.3\times10^{9}$ a | α |
| 碳-14 | $^{14}_{6}C$ | 5 700 a | β |
| 碘-131 | $^{131}_{53}I$ | 8.1 d | β |

放射性物质经过 $t$ 时间衰变后的放射性活度可以用下式计算:

$$A=A_0e^{-\lambda t}$$

式中,$A$——经过 $t$ 年时间后的放射性活度,Bq;

$A_0$——初始时刻的放射性活度,Bq;

$\lambda$——衰变常数,$a^{-1}$。

设 $n$ 表示经历的半衰期数($n=t/T_{1/2}$),可以得到 $A=A_0/2^n$。

6. 辐射相关单位

放射性元素或同位素在单位时间衰变的原子数目叫放射性活度,用于表征放射性核素的放射性强度。放射性活度用符号 $A$ 表示,国际单位为贝可勒尔,简称贝可,记为 Bq,1 贝可定义为放射性核素每秒钟发生 1 次衰变,即 1 Bq=1 $s^{-1}$。贝可的单位较小,实际工作中常用千贝可(kBq,$10^3$ Bq)、兆贝可(MBq,$10^6$ Bq)、吉贝可(GBq,$10^9$ 贝可)等。

放射性活度旧单位为居里,符号为 Ci,1 居里指放射性核素每秒钟发生衰变的原子核数目为 $3.7\times10^{10}$ 个。居里的单位太大,在实际工作中常用毫居(mCi,$10^{-3}$ Ci)、微居(μCi,$10^{-6}$ Ci)、纳居(nCi,$10^{-9}$ Ci)等。居里与贝可之间的换算关系为:1 Ci=$3.7\times10^{10}$ Bq。

实际测量常用放射性活度浓度来表示物质的放射性,放射性活度浓度常用符号 $A_m$ 来表示,对于固体,放射性活度浓度又叫比活度。

$$A_m=A/m$$

式中,$A$——放射性活度;

$m$——放射性物质的质量。

因此,比活度的单位为 Bq/kg,Bq/g 等。若有几种独立的放射性物质混合在一起,那么总的活度等于各放射性物质的活度之和,即

$$A=A_1+A_2+A_3+\cdots=C_1\Lambda_1N_1+C_2\Lambda_2N_2+C_3\Lambda_3N_3+\cdots$$

7. 辐射作用

α 粒子、β 粒子、质子等都带电荷,与物质作用时可直接引起物质的电离,X 射线、γ 射线和中子等都不带电荷,但在与物质作用时会产生次级粒子而使物质电离,这些现象叫电离辐射,简称辐射。电离辐射是波长短、频率高、能量高的射线。

如同热和光把能量从太阳传输给地球和大气一样,核辐射也是把能量从其源头传输给吸收介质。核辐射源可以是放射性同位素,也可以是 X 射线机一类的设备。核辐射与热辐射以及其他类型辐射的区别就在于核辐射的每个粒子或光子有着非常高的、足以引起吸收介质电离的能力。γ 辐射或其他核辐射的剂量,当其大到足以使人致死时,体温的升高还不

到 0.001 ℃。因此,即使核辐射强度很高,人体也不可能感觉到。

8. 辐射的吸收剂量

吸收剂量:电离辐射与物质相互作用时,单位质量的物质受辐射照射后吸收辐射的能量,符号为 $D$。吸收剂量是描述所有电离辐射在任何一种介质中沉积的能量。在国际单位制中,吸收剂量的单位是戈瑞(Gy),1 Gy=1 J/kg。

过去,吸收剂量的单位是拉德(rad),1 rad=0.01 J/kg。因此,1 Gy=100 rad。

因为 1 伦琴的照射量在空气中沉积的能量为 0.008 69 J/kg,在组织中沉积的能量为 0.009 6 J/kg,故 1 伦琴的照射量相当于空气中 0.008 69 Gy 的吸收剂量,相当于组织中 0.009 6 Gy 的吸收剂量。

吸收剂量适用于任何类型的辐射和受照物质,但在提到吸收剂量时,必须要指明是那种辐射对何种物质造成的吸收剂量。

9. 剂量当量

辐射产生的生物效应受辐射类型、能量、剂量、剂量率大小、照射条件及个体差异等因素的影响,因此相同的吸收剂量未必产生同等程度的生物效应。为了用同一尺度表示不同类型和能量的辐射对人体造成的生物效应的严重程度或发生概率的大小,辐射防护上引入了剂量当量这一辐射量。表示辐射生物效应的度量。剂量当量是用适当的修正系数对吸收剂量进行加权,使修正后的吸收剂量能更好地反映辐射引起的有害效应。剂量当量($H$)定义为在组织内被研究的某一点上,吸收剂量($D$)与品质因数($Q$)及除品质因数外其他修正因数($N$)的乘积。

$$H = D \cdot Q \cdot N$$

剂量当量的单位为焦耳/千克(J/kg),其专用名为希沃特,记为 Sv,即 1 Sv=1 J/kg。此外,剂量当量还有并用的专用单位雷姆(rem),1 rem=0.01 Sv。

剂量当量和吸收剂量两者的单位在量纲上均为焦耳/千克(J/kg),但其含义却有本质的不同,吸收剂量表征单位质量的介质吸收辐射能量的多少,而剂量当量是表征吸收上述能量对人体可能带来危害的大小。单位质量的人体组织吸收了相同辐射能量,由于辐射类型的不同,剂量当量值可能有很大的差异,这种差异通过品质因数($Q$)及修正因数($N$)反映出来。剂量当量只限于在辐射防护领域中应用,通常只适用于剂量当量限值附近及以下的范围,不适用于高水平的事故照射。

这里的 $N$ 是一个修正因素,它包括了诸如吸收剂量率和分次照射等因素的影响。目前国际放射防护委员会(ICRP)指定 $N$ 的值为 1。$Q$ 是品质因素,是对特定类型辐射引起生物学损伤能力的度量,它与电离密度有关。对于 β 射线、X 射线和 γ 射线,$Q=1$;对于热中子,$Q=2.3$;对于快中子和质子,$Q=10$;对于 α 粒子,$Q=20$。

剂量当量的旧单位是雷姆(rem),它与拉德的关系是:

$$\text{剂量当量(雷姆)} = \text{吸收剂量(拉德)} \times Q$$

因为 1 Gy=100 rad,所以 1 Sv=100 rem。

**【例 4-1】**某工作人员在一年中受到 0.02 Gy 的 γ 剂量与 0.005 Gy 的热中子($N_s$)剂量和 0.001 Gy 的快中子($N_f$)剂量,试求该人总共受到的剂量是多少?

**解:**剂量当量=吸收剂量×品质因素

$\gamma$ 剂量当量＝0.02×1＝0.02(Sv)

$N_s$剂量当量＝0.005×2.3＝0.011 5(Sv)

$N_f$剂量当量＝0.001×10＝0.01(Sv)

故总剂量当量＝0.02＋0.011 5＋0.01＝0.041 5(Sv)

10. 剂量率

戈瑞和希沃特都是表示在任一时间间隔内接受到的辐射量的单位，而在控制辐射危害时往往需要知道的是接受辐射的速率。因此，如果一个人在某场所工作 2 h 接受的剂量当量是 4 mSv(0.4 rem)，则其剂量当量率是 2 mSv/h(0.2 rem/h)。同样，吸收剂量率用戈瑞/小时(拉德/小时)来表示。

剂量、剂量率和时间之间的关系是：剂量＝剂量率×时间

**【例 4-2】**如果容许一个人在一周内接受 1 mSv 的剂量当量，试求在剂量当量率为 50 μSv/h 的场所可以工作多少小时？

**解：**剂量＝剂量率×时间

$$时间=\frac{剂量}{剂量率}=\frac{剂量当量}{剂量当量率}=\frac{1\ \mathrm{mSv}}{50\ \mu\mathrm{Sv/h}}=\frac{1\ 000\ \mu\mathrm{Sv}}{50\ \mu\mathrm{Sv/h}}=20\ \mathrm{h}$$

**答：**可以工作 20 h。

11. 有效剂量

随机性效应发生的概率与当量剂量之间的关系还与受照组织或器官有关。人体受到的任何照射几乎总是不止涉及一个器官或组织。为了表达不同组织或器官受不同剂量照射时所产生的综合危害，在当量剂量的基础上引进了有效剂量 $E$ 这一概念用于描述随机性效应。

有效剂量是身体各组织或器官受到不同类型辐射照射下，辐射权重因子和组织权重因子的双重加权的吸收剂量之和。辐射权重因子同辐射种类和能量有关，但与器官和组织无关；组织权重因子则与器官和组织有关，而与辐射种类和能量无关。

有效剂量反映了在全身均匀受照下各器官或组织对总危害的相对贡献，它反映了不同器官或组织对发生辐射随机性效应的不同敏感性。有效剂量表示了在非均匀照射下随机效应发生率与均匀照射下发生率相同时所对应的全身均匀照射的当量剂量。

当量剂量和有效剂量是供辐射防护用的，它们只能在远低于确定性效应阈值的吸收剂量下作为估计随机性效应概率的依据。

12. 集体剂量当量

用集体剂量当量来评判群体受辐射照射所致的危害，集体剂量当量为受照群体每个成员的剂量当量之和。集体剂量当量的单位为人·希，符号为人·Sv。

13. 辐射的危害及其防护

客观来说，辐射对人类社会的危害主要在于辐射对人体的危害以及环境的污染两个方面，辐射对人类社会有益的方面在于辐射在工业、农业、医疗卫生及环境治理方面的运用，如辐射育种、环保治理、放化诊断与治疗、材料改性、医疗杀菌消毒等。

辐射能否造成伤害，取决于人体受照射的量。宇宙射线与天然放射性的存在，对于我们人类的健康并无损害，也未影响人类的发展，但是过量的照射会使人体遭受暂时伤害时或永久的伤害，甚至死亡。

辐射对健康的危害既有现实的损伤，也有潜在的危险。人体受到电离辐射照射后，辐射对人体产生的效应可以出现在受照者本人或他的后裔身上。出现在受照者本人身上，称为躯体效应，如图 4-6 所示。出现在受照者后裔身上，称为遗传效应。

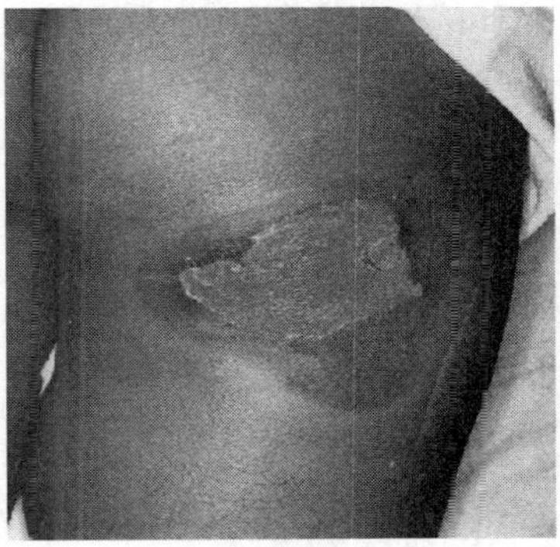

图 4-6　放射性皮肤烧伤

确定性效应(非随机性效应确定性效应)指有害效应的严重程度随剂量的大小而变化，存在着剂量的阈值，低于这个阈值，不会引起有害效应。当受照者接受超过某特定水平的辐射照射时，就会遭受某种形式的辐射损伤，如皮肤烧伤、白内障、造血障碍、生育能力下降等。这些辐射损伤是导致机体的机能改变，其严重程度随受照剂量的增加而增大，所以通过控制受照者所接受的剂量，使其低于阈值，就可以避免这些不良效应的发生。

射线对人体的作用机理极其复杂，人体从吸收辐射能量开始到产生生物效应以致机体损伤、死亡为止，会经历许多不同性质的变化。虽然射线会对人体造成损伤，但这些损伤可通过自身的新陈代谢进行修复，修复能力的大小与原始损伤程度和个体差异有关。射线对机体的作用有两个特点：其一，射线作用的高效应，即吸收能量不大而生物效应严重。如接受 1 000 rad 的致死剂量时，人体温度只升高 0.002 ℃，但后果却是受照者全部死亡。其二，生物损伤的潜伏期。射线照射引起的机体损伤需要一定时间(大剂量急性照射除外)才会表现出来。一次全身照射后可能出现的症状如表 4-8 所示。

**表 4-8　一次全身照射后可能出现的症状**

| 受照剂量/Gy | 症　状 |
|---|---|
| ≤0.25 | 无明显自觉症状 |
| 0.25～0.5 | 轻度恶心、乏力；血象有改变 |
| 0.5～1.0 | 恶心、乏力、呕吐；注意力下降 |
| 1.0～1.5 | 恶心、呕吐、食欲减退、头昏乏力 |
| 1.5～2.0 | 恶心、呕吐、头昏乏力、一时丧失工作能力 |
| 2.0～4.0 | 上述症状加重，有可能死亡 |
| 4.0～6.0 | 出现严重的临床症状，死亡率可达 50% |
| ≥8.0 | 100%死亡 |

影响辐射损伤的因素：大量研究表明，辐射损伤与辐射敏感性、剂量、剂量率、照射方式及机体生理状态等因素有关。

(1) 辐射敏感性。辐射敏感性指细胞、组织、器官、机体或生命物质对辐射损伤作用的相对敏感程度。在一定照射条件下，机体不同器官、组织或全身出现某一效应时间快而相对严重的为辐射敏感性高，反之则为辐射敏感性低。通常情况下，新生且分裂迅速的细胞辐射敏感性高，肌肉及神经细胞的辐射敏感性低。

(2) 剂量与剂量率。剂量与辐射效应有复杂的关系。在 ICRP 第 26 号出版物中，假定随机效应的发病率与剂量存在线性无阈关系，效应的严重程度与剂量无关。对非随机效应，其发生是有剂量阈值的，当受照剂量大于阈值时，就会发生相应的效应，且效应的严重程度与剂量大小有关，如引起眼晶体混浊的剂量阈值为 15 Gy，引起明显皮肤损伤的剂量阈值为 20 Gy。

剂量率反映照射的强度，由于人体对辐射损伤有一定恢复作用，在承受总剂量相同时，小剂量率的分散照射比一次大剂量率直接照射造成的损伤要小得多。在剂量控制时，应尽可能在低剂量率下分散进行。

(3) 照射条件。照射条件包括照射方式、照射部位和照射面积等。照射方式有外照射和内照射之分。进入人体内的辐射源对人体产生的照射称为内照射；而处在体外的辐射源对人体产生的照射称为外照射。

(4) 外照射与内照射。外照射情况下，穿透能力强的辐射(X 射线、$\gamma$ 射线、中子射线)照射人体一定剂量时，可造成深度组织或器官的损伤。内照射与进入体内核素的性质、进入途径及在关键器官中的沉积量有关。外照射对人体的危害作用大小排序：中子射线＞$\gamma$ 射线，X 射线＞$\beta$ 射线＞$\alpha$ 射线，内照射对人体的危害作用大小为：$\alpha$ 射线＞$\beta$ 射线、$\gamma$ 射线、X 射线。

(5) 照射部位。辐射效应与照射部位有关，人体不同部位对辐射照射的敏感程度不同，在相同剂量和剂量率照射情况下，不同部位辐射敏感程度排序为：腹部＞盆腔＞头部＞胸部＞四肢。在辐射防护实践中，应特别注意腹部的防护。

(6) 照射面积。相同剂量照射情况下，受照面积越大，产生的效应越大，尽量避免大剂量的全身照射。这当然还要考虑照射部位，如果是重要器官，即使小面积的照射也会造成该器官的损伤。

14. 辐射防护的目的、任务和基本原则

(1) 辐射防护的目的

防止有害的确定性效应的发生，并限制随机性效应的发生率，使其合理地尽可能达到可以被接受的最低水平。

实现辐射防护的目的的方法有：1) 为防止确定性效应的发生，把剂量当量限值确定在足够低的水平上，以保证从业人员终身受到的全部照射不会到达有害效应阈值。2) 使一切具有正当理由的照射保持在合理的可以达到的尽量低的水平。

(2) 辐射防护的任务

既要保护环境，保障从事辐射工作人员和公众成员以及他们的后代的安全和健康，又要允许进行那些可能产生辐射照射的必要活动，提高辐射防护措施的效益，以促进核科学技术、核能和其他辐射应用事业的发展。

(3) 辐射防护工作的基本原则：

辐射防护的三个基本原则为：辐射实践正当化、辐射防护最优化、个人剂量限值。

1) 辐射实践正当化

实践的正当性指任何改变照射情况的决定都应当利大于弊。应该是带来的利益大于对整改社会的危害，这里说的危害是指对整个社会的危害，包括经济方面的损失和对人体健康和环境带来的不利影响。当一种伴随辐射的实践带来的利益不再大于危害时，应当停止这种实践或对其加以限制。除了对整个实践进行正当化判断外，还要对每个操作的正当性进行考察，如医学照射中的一些实践。

2) 辐射防护最优化

辐射防护最优化，即可合理做到的尽量低的原则(ALARA)。在考虑社会和经济因素，任何决策应经过防护的研究过程，用最小的代价获取最大的利益。任何必要的照射应保持在可以合理达到的最低水平，而不是盲目追求无限低的降低剂量。尽量避免一切不必要的照射，只要是合理的就应当采取措施把辐射照射降低到尽可能低的水平。但过于要求更低的照射，必将提高防护费用，而带来的好处只是把已经低的随机性效应的发生率再降低一些，这样也不能认为是合理的。辐射防护最优化是要达到防护的最佳水平，而不是受照剂量的最低水平。

3）个人剂量限值

辐射实践正当化和辐射防护最优化都是按一个实践和群体的利益考虑的。为了保证每个人不致受到不合理的伤害，必须制定个人剂量限值，从而对每个个体提供必要的保护。个人剂量限值是辐射防最优化的约束条件，是国家法规规定的强制性限制。

15. 内、外照射防护

（1）外照射防护的基本原则

处在体外的辐射源对人体产生的照射称为外照射。根据外照射的特点，外照射防护的基本原则是尽量减少或避免从外部对人体的照射，使所受照射不超过国家标准所规定的剂量约束值。

（2）外照射防护的措施

外照射防护的目的是减少 X 射线、$\gamma$ 射线、高能 $\beta$ 射线及中子射线对人体的照射危害。主要有三种基本方法：时间防护、距离防护和屏蔽防护，又叫外照射防护三要素。

1）时间防护

时间防护就是减少受照射的时间。在剂量率一定的情况下，人体接受的剂量与受照时间成正比，受照时间越长，所受累积剂量也越大。所以在从事放射性工作时，应尽量减少受照时间。

减少受照时间的方法有提高操作技术的熟练程度，采用机械化、自动化的操作，严格遵守规章制度，减少在辐射场不必要的停留等。这要求我们在从事放射性工作时，要操作熟练，动作迅速，必要时可进行一些空白操作训练来提高熟练程度。在高剂量场所作业时，如果一个人操作会超过剂量限值，就可以数人操作，使每个人所受的剂量减少。

2）距离防护

距离防护就是增大与辐射源的距离，受照剂量随着距辐射源距离的增大而减少。对发射 X 射线、$\gamma$ 射线的点源来说，当空气和周围的物质对于射线的吸收、散射可以忽略时，某一点上的剂量与该点到辐射源之间的距离平方成反比。对于非点源，虽然剂量与距离的平方并不完全成反比，但总是距放射源越远，受照剂量就越小。

为了实现距离防护，借助于机械手或长柄工具等来增加人与放射源之间的距离，但为了使操作准确，又尽可能缩短操作时间，工具的柄又不能过长，否则就不灵活。当然，用机械化和自动化方法操作是实现距离防护更有效的方法。

3）屏蔽防护

屏蔽防护就是对辐射源设置屏蔽，辐射通过物质时会被减弱，所以在辐射源外面加上足够厚度的屏蔽体，使之在某一指定点上由辐射源所产生的剂量降低到有关标准所规定的限值以下，在辐射防护中把这种方法称为屏蔽防护。

关于射线的屏蔽：

① 铅是一种常用的 X 射线、$\gamma$ 射线防护材料，铅对 X 射线有很好的防护能力以及抗辐

射耐腐蚀性能,是屏蔽X射线、γ射线的良好材料。

② β射线屏蔽:先用轻材料,然后再附加重物质防护。若次序颠倒,β射线在重物质中比在轻物质中能产生更多的韧致辐射,就会形成一个相当大的X辐射场,反而不能起到屏蔽效果。

③ α射线的屏蔽很容易。一般在体外,α射线不会对人体造成伤害。只有在进入体内产生内照射时造成的伤害较严重。

4) 屏蔽材料的选择

表4-9 不同材料的屏蔽材料

| 射线种类 | 屏蔽材料种类 | 屏蔽材料 |
|---|---|---|
| α射线 | 一般物质 | 一张纸 |
| β射线 | 轻物质+重物质 | 铝或有机玻璃+铁、铅 |
| γ射线 | 重物质 | 混凝土、铅 |
| 中子 | 轻物质 | 水、石蜡 |

在辐射防护实践中,人们接触辐射源的实际情况是非常复杂的,时间防护、距离防护和屏蔽防护三种方法应据具体情况而定,可单独使用,也可综合考虑。

5) 源项控制

除上述三种基本方法之外,降低所操作放射性物质的源项也是降低外照射的有效方法。照射剂量的大小与操作放射性物质的源项大小密切相关,降低放射性物质的源项可直接减小照射剂量。如在核设施退役拆除过程中,事先进行设备管道倒空、清洗,降低拆除对象放射性物质的量可达到降低退役作业人员受照的目的。再如,涉核设备管道故障检修时,通过适当冲洗去污降低源项就能减小检修人员的受照剂量。

(3) 外照射屏蔽计算

1) β粒子的屏蔽计算

有效屏蔽β粒子所需的屏蔽材料厚度可以根据β粒子在屏蔽材料中的最大射程确定。能量为$E$(MeV)的单能电子束在低原子序数($Z$)物质中的射程,可以用下列经验公式计算:

$$R=0.412\text{E}\hat{}(1.265-0.0954\ln\text{E})\quad(0.01\ \text{MeV}<E<2.5\ \text{MeV})$$

$$R=0.53\text{E}-1.06\quad(2.5\leqslant E<20\ \text{MeV})$$

式中,$R$为电子在低原子序数物质中的射程,$g/cm^2$。

由于β粒子能谱是连续谱,它们的射程可以用其能量等于β粒子最大能量的单能电子的射程来表示。带电粒子的射程常用质量厚度($g/cm^2$)来表示,求出所需质量厚度之后再除以材料密度$\rho$($g/cm^3$)即可求得相应材料的屏蔽厚度$d$(cm)。

但当β粒子和物质相互作用时可以产生X射线散射,即韧致辐射。因此,对β粒子的屏蔽,不仅仅是对β粒子本身的屏蔽,而且还涉及将韧致辐射最小化。β粒子转换成X射线的能量比例可通过下式计算:

$$F=3.3\times10^{-4}ZE$$

式中,$F$——β粒子的能量转换成X射线的比例;

$Z$——吸收/屏蔽材料的原子序数;

$E$——β粒子的最大能量,MeV。

上式表明屏蔽材料的原子序数越低，产生的轫致辐射 X 射线的能量越低，很多情况下屏蔽材料是复合材料而不是单一元素，上式中屏蔽材料的原子序数 $Z$ 是有效原子序数。有机玻璃、聚乙烯和水在辐射防护中的有效原子序数定位 6 或 7。一般来说，低活度源产生的轫致 X 辐射不是很显著，但对高活度的 β 粒子最有效和最常用的屏蔽材料是用铅包裹的有机玻璃。

2）X 射线和 γ 射线的屏蔽计算

① X 射线和 γ 射线的衰减

当 X 射线和 γ 射线穿过屏蔽材料时不会被全部吸收，而是被衰减，X 射线和 γ 射线强度按指数衰减，用下式表示：

$$R = R_0 e^{-\mu x}$$

式中，$R$——穿过厚度为 $x$ 的屏蔽材料后的剂量率；

$R_0$——屏蔽之前的剂量率；

$x$——屏蔽材料厚度；

$\mu$——屏蔽材料的线衰减系数。

线衰减系数依赖于所用屏蔽材料的种类和射线的能量，常用 $cm^{-1}$ 表示（即每厘米屏蔽发生相互作用的概率）。在实际工作中用试验的方法确定屏蔽材料的屏蔽性能，即半值层和 1/10 值层。

② 半值层和 1/10 值层

对于特定的屏蔽材料，半值层（HVL，即半值厚度）就是将辐射强度降低到初始值一半时所需要的屏蔽材料厚度。利用半值层可以简化屏蔽计算：

$$R = R_0 / 2^n$$

式中，$R$——穿透屏蔽材料后的剂量率；

$R_0$——未屏蔽时的剂量率；

$n$——屏蔽材料厚度 $x$ 对应的半值层数，$x = n \times$ 半值层。

另一个有用的屏蔽数值是 1/10 值层（TVL），1/10 值层是将剂量率降低到最初数值的 1/10 所需要的屏蔽材料厚度，上式用 1/10 值层表示为：

$$R = R_0 / 10^n$$

式中，$R$——穿透屏蔽材料后的剂量率；

$R_0$——未屏蔽时的剂量率；

$n$——屏蔽材料厚度 $x$ 对应的 1/10 值层数，$x = n \times 1/10$ 值层。

几种 γ 射线的半值层和 1/10 值层见表 4-10。

**表 4-10　几种 γ 射线的半值层和 1/10 值层**

| 辐射源 | γ 射线能量/MeV | 半值层/cm | | 1/10 值层/cm | |
|---|---|---|---|---|---|
| | | 混凝土 | 铅 | 混凝土 | 铅 |
| $^{226}Ra$ | 0.047～2.4 | 6.9 | 1.66 | 23.4 | 5.5 |
| $^{60}Co$ | 1.17，1.33 | 6.2 | 1.20 | 220.6 | 4.0 |
| $^{137}Cs$ | 0.66 | 4.8 | 0.65 | 15.7 | 2.1 |

（4）内照射防护的基本原则

内照射是指放射性物质经呼吸道、消化道、皮肤、黏膜、伤口以及其他各种途径进入机体后,放射性核素发出的射线由体内对机体进行的照射。极微量的放射性物质,从外照射角度来看可能所造成的剂量是微不足道,但如果进入人体的话,就可能造成相当大的内照射剂量。

内照射具有持续照射和选择性照射的特点。持续性照射指放射性核素一旦进入体内,对机体就产生连续性照射,直至放射性核素完全衰变成稳定性核素或全部排出体外,对机体的照射才会停止。选择性照射指大部分的放射性核素在体内呈不均匀分布,按核素或化合物的化学性质被组织和器官选择性地吸收、分布和蓄积,致使蓄积放射性核素的组织或器官受到选择性的照射,产生较大的生物学效应与损伤。如放射性碘大部分蓄积于甲状腺,$^{90}Sr$、$^{45}Ca$ 等主要蓄积于骨骼。

内照射防护的原则为制定各种规章制度,采取各种有效措施,阻断放射性物质进入人体的各种途径,在最优化原则的范围内,使摄入量减少到尽可能低的水平。

(5) 放射性物质进入人体内的途径

放射性物质进入人体内的途径有三种,即放射性核素经由食入、吸入、皮肤(完好或伤口)进入体内,从而造成放射性核素的体内污染。

放射性物质经口进入人体内,主要是由于衣物、器具、水源被污染等。

放射性气体、气溶胶的逸出,会使空气受到不同程度的污染,工作人员通过呼吸将这些放射性物质吸入体内。

完好的皮肤提供了一个有效防止大部分放射性物质进入体内的天然屏障。但是,有些放射性蒸汽或液体(如氧化氘蒸汽、碘及其化合物溶液)能通过完好的皮肤而被吸收。当皮肤破裂时,放射性物质可通过皮下组织进入人体液。

(6) 内照射防护的措施

内照射防护的一般方法为"包容、隔离"和"净化、稀释"以及"遵守规章制度,做好个人防护"。

1) 包容、隔离

① 包容是指在操作过程中,将放射性物质密闭起来,如采用通风橱、手套箱等。

② 隔离就是根据放射性核素的毒性大小,操作量多少和操作方式等,将工作场所进行分级分区管理。

2) 净化、稀释

① 净化就是采用吸附、过滤、除尘、凝聚沉淀、离子交换、蒸发、贮存衰变、去污等方法,尽量降低空气、水中的放射性物质浓度、降低物体表面放射性污染水平。

② "稀释"是指不断排除污染空气并换以清洁空气,以保证工作场所空气污染水平满足相关标准控制要求。

3) 遵守规章制度、做好个人防护措施。

工作人员操作放射性物质,必须遵守相关的规章制度或操作规程,严禁在辐射控制区进食、饮水、吸烟或化妆等,防止放射性物质经口鼻进入体内。

内照射个人防护的措施:

① 工作人员应佩戴高效过滤材料做成的口罩,戴医用橡皮手套,穿工作服,涂面膜封闭面部毛孔;

② 在空气污染严重的场所,工作人员要戴头盔或穿气衣作业;

③ 离开放射性作业场所前应检查手及其他可能被污染的部位,若有污染则应进行清洗等。

16. 剂量限值

个人剂量限值就是利用剂量限值对个人所受的照射加以控制。个人剂量限值是辐射防最优化的约束条件，是国家法规规定的强制性限制。剂量限值适用于从业人员的计划照射情况，而不适用与从业人员的应急照射。

为保障作业人员辐射安全，防止确定性效应的发生，限制随机性效应的发生率至可接受的水平，应对个人受到的正常照射加以限制，GB 18871—2002《电离辐射防护与辐射源安全基本标准》附录B中规定了职业照射剂量限值。

（1）照射类型分类

根据受照对象将照射类型分为职业照射、医疗照射和公众照射三类。从干预的角度来说分为持续照射与应急照射。

职业照射指除了国家法规、标准所排除的照射以及按规定予以豁免的实践或源产生的照射之外，工作人员在其工作中受到的所有照射。简单地说，职业照射指本职工作属于辐射工作所受到的辐射照射。

公众照射指公众成员所受的辐射源的照射，包括获准的源和实践所产生的照射和在干预情况下受到的照射，但不包括职业照射、医疗照射和当地正常天然本底辐射的照射。

医疗照射指发生在患者疾病诊断、介入和治疗程序中的照射。

持续照射指没有任何不间断人类活动予以维持而长期持续存在的非正常公众照射，这种照射的剂量率基本上是恒定的或者下降缓慢。

应急照射是异常情况下的照射，指发生核事故时或事后，为了营救遇险人员，防止事态扩大或其他应急情况而自愿接受的过量照射。应急照射剂量不纳入职业照射管理。

（2）职业照射剂量限值

1）对任何工作人员的职业照射水平进行控制，使之不超过下述限值：

① 由审管部门决定的连续5 a的年平均有效剂量（但不可作任何追溯性平均），20 mSv；

② 任何一年中的有效剂量，50 mSv；

③ 眼晶体的年当量剂量，150 mSv；

④ 四肢（手和足）或皮肤的年当量剂量，500 mSv。

2）年龄为16～18岁接受涉及辐射照射就业培训的徒工和年龄为16～18岁在学习过程中需要使用放射源的学生，应控制其职业照射使之不超过下述限值：

① 年有效剂量，6 mSv；

② 眼晶体的年当量剂量，50 mSv；

③ 四肢（手和足）或皮肤的年当量剂量，150 mSv。

（3）公众剂量限值

公众中有关关键人群组的成员所受到的平均剂量估计值不应超过下述限值：

1）年有效剂量，1 mSv；

2）特殊情况下，如果5个连续年的年平均剂量不超过1 mSv/a，则某一单一年份的有效剂量可提高到5 mSv；

3）眼晶体的年当量剂量，15 mSv；

4）皮肤的年当量剂量，50 mSv。

# 第五章　电工基础知识

## 第一节　化工设备常用电器基础知识

**学习目标：**了解电工常用名词术语及电气传动基础知识。

### 一、基本概念

1. 电流

电荷的定向移动叫做电流。电路中电流常用 $I$ 表示。电流分直流电流和交流电流两种。电流的大小和方向不随时间变化的叫做直流。电流的大小和方向随时间变化的叫做交流。电流的单位是安(A)，也常用单位毫安(mA)或者微安(μA)。其中，1 A＝1 000 mA，1 mA＝1 000 μA。电流可以用电流表直接测量。测量时，电流表串联在电路中，选择电流表指针接近满偏转的量程，可以防止电流过大而损坏电流表。

2. 电压

电荷之所以能够流动，是因为有电位差(电压)。电压是形成电流的原因。在电路中，电压常用 $U$ 表示，电压单位伏(V)。电压可用电压表直接测量，测量时，电压表并联在电路上，选择电压表指针接近满偏转的量程，如果电路上的电压大小估计不准，先用大的量程电压表测量，粗略测量后再用合适的量程，这样可以防止由于电压过大而损坏电压表。

电压分为高电压、低电压和安全电压。高低压的区别是：以电气设备的对地的电压值为依据的。对地电压高于 1 000 V 的为高压。对地电压小于或等于 1 000 V 的为低压。

我国安全电压额定值的等级为 42 V、36 V、24 V、12 V 和 6 V，例如特别危险环境中使用的手持电动工具应采用 42 V 特低电压；有电击危险环境中使用的手持照明灯和局部照明灯应采用 36 V 或 24 V 特低电压；金属容器内、特别潮湿处等特别危险环境中使用的手持照明灯就采用 12 V 特低电压；水下作业等场所应采用 6 V 特低电压。

3. 电阻

电路中对电流通过有阻碍作用并且造成能量消耗的部分叫做电阻。电阻常用 $R$ 表示。电阻的单位是欧(Ω)，也常用单位千欧(kΩ)或者兆欧(MΩ)。导体的电阻由导体的材料、横截面积和长度决定。电阻可以用万用表欧姆挡测量。测量时，选择电表指针偏转接近量程一半的欧姆挡。

4. 欧姆定律

导体中的电流 $I$ 和导体两端的电压 $U$ 成正比，和导体的电阻 $R$ 成反比，即 $I=U/R$。这个规律叫做欧姆定律。如果知道电压、电流、电阻三个量中的两个，就可以根据欧姆定律求出第三个量，即 $I=U/R$，$R=U/I$，$U=I \cdot R$。在交流电路中，欧姆定律同样成立，但电阻 $R$ 应该改成阻抗 $Z$，即 $I=U/Z$。

5. 电源

把其他形式的能转换成电能的装置叫做电源。发电机能把机械能转换成电能，干电池能把化学能转换成电能。发电机、干电池等叫做电源。通过变压器和整流器，把交流电变成直流电的装置叫做整流电源。

6. 负载

把电能转换成其他形式的能的装置叫做负载。电动机能把电能转换成机械能，电阻能把电能转换成热能，电灯泡能把电能转换成热能和光能，扬声器能把电能转换成声能。电动机、电阻、电灯泡、扬声器等都叫做负载。

7. 电路

电流所流过的路径称为电路。它是由电源、负载、开关和连接导线等 4 个基本部分组成的。电源是把非电能转换成电能并向外提供电能的装置。常见的电源有干电池、蓄电池和发电机等。负载是电路中用电器的总称，它将电能转换成其他形式的能。如电灯把电能转换成光能；电烙铁把电能转换成热能；电动机把电能转换成机械能。开关属于控制电器，用于控制电路的接通或断开。连接导线将电源和负载连接起来，担负着电能的传输和分配的任务。电路电流方向是由电源正极经负载流到电源负极，在电源内部，电流由负极流向正极，形成一个闭合通路。

## 二、电气传动基础知识

电气传动是指用电动机把电能转换成机械能，去带动各种类型的生产机械、交通车辆以及生活中需要运动的物品。电动机是其中较为常用的一种电气传动设备。

电动机是把电能转换成机械能，并输出机械转矩的动力设备。现代各种机械广泛应用电动机来驱动。一般电动机可分为直流电动机和交流电动机两大类。交流电动机按使用电源相数可分为单相电动机和三相电动机两种，而三相电动机又分同步式和异步式两种，异步电动机按转子结构不同又分成笼式和绕线式两种。三相异步电动机结构简单、维修方便、运行可靠，与相同容量的其他电动机相比具有质量轻、成本低、价格便宜等优点。因此，被广泛用于中小型轧钢机、机床、鼓风机以及轻工机械的拖动部分。根据统计，国内有 90%左右的电力拖动机械使用异步电动机，其中，小型异步电动机占 70%以上。

# 第二节 安全用电知识

**学习目标：**掌握安全用电要求，触电防护知识。

## 一、用电要求

(1) 严禁用湿手触摸、操作电气设备或插、拔电源插头。使用临时电源时应有防止电线绊倒人员的措施，电线经过道路、门口、转角等处时，应有防止电线挤压、踩踏的安全措施。

(2) 在金属容器(如汽包、凝汽器、槽、箱等)内工作时，必须使用 24 V 以下的电气工具，装设漏电保护器，设专人在外不间断监护，漏电保护器、电源控制箱应放在容器外面监护范围内。

(3) 有明确标示的电气场所(如变电室或配电间),未经许可的人员禁止入内。在高压带电区域内部分停电工作时,工作人员应与带电部分保持安全距离。

(4) 电气设备发生火灾时,应立即切断电源,使用干粉等灭火器灭火。禁止使用泡沫灭火器或水对电气设备进行灭火。

## 二、触电事故

当人体触及带电体,或者带电体与人体之间闪击放电,或者电弧触及人体时,电流通过人体进入大地或其他导体,形成导电回路,这种情况,就叫触电,触电时人体会受到某种程度的伤害,按其开可分为电击和电伤两种。

电击是指电流流经人体内部,引起疼痛发麻,肌肉抽搐,严重的会引起强烈痉挛、心脏颤动或呼吸停止,甚至由于因人体心脏、呼吸系统以及神经系统的致命伤害,造成死亡。绝大部分触电死亡事故是电击造成的。电伤是指触电时,人体与带电体接触不良部分发生的电弧灼伤,或者是人体与带电体接触部分的电烙印,是由于被电流熔化和蒸发的金属微粒等侵入人体皮肤引起的皮肤金属化。这种伤害会给人体留下伤痕,严重时也可能致死。电伤通常是由电流的热效应、化学效应或机械效应造成的。

### 1. 触电原因

触电事故的原因很多,具体分析有以下几种:

(1) 安全用电管理有漏洞是造成触电事故发生的主要原因。如果机构健全、人员齐备、制度落实,事事有人管、有人监督,供电用电上下畅通,触电事故便会很少或不会发生。

(2) 电气工作人员技术水平低、责任心不强、粗心大意、玩忽职守、职业道德差等原因。这些原因导致安装质量低劣、维护检修不利、巡视检查不利、宣传教育不够,造成隐患或危险,给他人造成触电条件,也给本人造成触电机会。

(3) 非电气人员或其他用电人员缺乏电气安全常识,但常摆弄电器,甚至乱接乱拉,错误接线,造成触电。

(4) 用电操作人员或电气工作人员违反操作规程造成触电。违反操作规程不一定都会触电,但触电的则都是因为违反操作规程。

(5) 假冒伪劣电器产品导致触电或事故发生。

(6) 意外原因或偶然因素,如风刮断电线而落在身上,有人误跨步到电压的区域等。

### 2. 触电形式

触电事故是多种多样的,多数是由于人体直接接触带电体,或者是设备发生故障,或者是身体过于靠近带电体等引起的。

人体直接接触带电体。当人体在地面或其他接地导体上,而人体的某一部分触及三相导线的任何一相而引起的触电事故称为单相触电。单相触电对人体的危害与电压高低、电网中性点接地方式等有关。人体发生触电的次数占总触电次数的95%以上,除了单相触电外,还有两相触电。它指人体两处同时接触不同相的带电体而引起的触电事故。两相触电事故属于这一类间接触电事故。

人体接触发生故障的电气设备。在正常情况下,电气设备的外壳是不带电的。但当线路故障或绝缘破损时,接触这种漏电或带电的设备外壳时,就会发生触电危险。触电情况和直接接触带电体一样。大部分触电事故属于这一类间接触电事故。

与带电体的距离过小。当人体与带电体的距离过小进，虽然未与带电体相接触，但由于空气的绝缘强度小于电场强度，空气击穿，可能发生触电事故。因此，电气安全规程中，对不同电压等级的电气设备，都规定了最小允许安全间距，如表 5-1 所示。

**表 5-1　工作人员工作中与带电设备的安全距离**

| 电压等级/kV | 10 及以下 | 20、35 | 66、110 | 220 | 330 | 500 |
|---|---|---|---|---|---|---|
| 安全距离/m | 0.35 | 0.60 | 1.50 | 3.00 | 4.00 | 5.00 |

跨步电压触电。由于外力（如雷电、大风）的破坏等原因，电气设备、避雷针的接地点，或者断落电线断头着地点附近，将有大量的扩散电流向大地流入，而使周围地面上布着不同电位。当人的脚与脚之间同时踩在不同电位的地表面两点时，会引发跨步电压触电。

3. 触电防护

（1）保护接地

保护接地是为了防止电气设备绝缘损坏时人体遭受触电危险，而在电气设备的金属外壳或构架等与接地体之间所作的良好的连接。保护接地适用于中性点不接地的低电网中。采用保护接地，仅能减轻触电的危险程度，但不能完全保证人身安全。

（2）保护接零

为防止人体因电气设备绝缘损坏而遭受触电，将电气设备的金属外壳与电网的零线（变压器中性点）相连接，称为保护接零。保护接零适用于三相四线制中性点直接接地的低压电力系统中。

对于采用保护接零系统要求：① 零线上不能装熔断器和断路器，以防止零线回路断开时，零线出现相电压而引起触电事故；② 在同一低压电网中，不允许将一部分电气设备采用保护接地，而另一部分电气设备采用保护接零；③ 在接三眼插座时，不准将插座上接电源零线的孔同接地线的孔串接。正确的接法是接电源零线的孔同接地的孔分别用导线接到零线上；④ 除中性点必须良好接地外，还必须将零线重复接地。

（3）工作接地

将电力系统中某一点直接或经特殊设备与地作金属连接，称为工作接地。工作接地可降低人体的接触电压、迅速切断电源、降低电气设备和输电线路的绝缘水平、满足电气设备运行中的特殊需要。

（4）漏电保护器

漏电保护器的作用是防止电气设备和线路等漏电引起人身触电事故，也可用来防止由于设备漏电引起的火灾事故以及用来监视或切除一相接地故障，并且在设备漏电、外壳呈现危险的对地电压时自动切断电源。

4. 人员触电处理措施

如果遇到触电情况，要沉着冷静、迅速果断地采取应急措施。针对不同的伤情，采取相应的急救方法，争分夺秒地抢救，直到医护人员到来。触电急救的要点是动作迅速，救护得法。

（1）发现有人触电，首先要使触电者尽快脱离电源，然后根据具体情况，进行相应的救治。

1）如开关箱在附近，可立即拉下闸刀或拔掉插头，断开电源。

2）如距离闸刀较远，应迅速用绝缘良好的电工钳或有干燥木柄的利器（刀、斧、锹等）砍断电线，或用干燥的木棒、竹竿、硬塑料管等物迅速将电线拨离触电者。

3）若现场无任何合适的绝缘物（如橡胶、尼龙、木头等），救护人员亦可用几层干燥的衣服将手包裹好，站在干燥的木板上，拉触电者的衣服，使其脱离电源。

4）对高压触电，应立即通知有关部门停电，或迅速拉下开关，或由有经验的人采取特殊措施切断电源。

（2）对症救治

对于触电者，可按以下三种情况分别处理：

1）对触电后神志清醒者，要有专人照顾、观察，情况稳定后，方可正常活动；对轻度昏迷或呼吸微弱者，可针刺或掐人中、十宣、涌泉等穴位，并送医院救治。

2）对触电后无呼吸但心脏有跳动者，应立即采用口对口人工呼吸；对有呼吸但心脏停止跳动者，则应立刻进行胸外心脏挤压法进行抢救。

3）如触电者心跳和呼吸都已停止，则须同时采取人工呼吸和俯卧压背法、仰卧压胸法、心脏挤压法等措施交替进行抢救。

（3）注意事项

1）救护者一定要判明情况，做好自身防护。

2）在触电人脱离电源的同时，要防止二次摔伤事故。

3）如果是夜间抢救，要及时解决临时照明问题，以避免延误抢救时机。

# 第六章　安全文明生产与环境保护

## 第一节　安全生产与劳动保护

**学习目标：**了解安全生产的手段、劳动防护用品的特点及分类，掌握劳动防护用品和常规劳动用品的使用。

### 一、安全生产

安全生产，事关人民群众生命财产安全、国民经济持续快速健康发展和社会稳定大局。放射性废液整备与废物处置工与其他职业一样，有劳动就存在安全生产问题。因此，放射性废液整备与废物处置安全最终目标为：建立并保证对辐射危害的有效防御，保护操作人员和公众在运行状态下所受到的辐射低于规定限值，对环境没有污染。为此要特别强调：

1. 安全教育

安全教育与训练是防止职工产生不安全行为，减少人为失误的重要途径。新职工上岗前必须进行院所级（或公司级）、室级（或分公司级）、班组级三级安全教育。三级安全教育时间不得少于40学时。一级安全教育由单位主管负责，单位安全管理部门会同有关部门组织实施，安全教育（安全知识）应包括劳动安全文化的基本知识，本单位劳动安全、卫生规章制度及状况，劳动纪律和有关事故案例等项内容。二级安全教育由室主任组织实施。室级安全教育（安全态度）应包括本室劳动安全、卫生状况和规章制度，主要危险因素及安全事项，预防工伤事故的主要措施，典型事故案例及事故应急处理措施等项内容。三级安全教育由班组长组织实施.班组级安全教育（安全技能）应包括遵章守纪、岗位安全操作规程、岗位间工作衔接配合的安全事项、典型事故案例、劳动防护用品（用具）的性能及正确使用方法等项内容。新职工按规定通过三级安全教育并经考核合格后方可持证上岗，职工调整工作岗位或离岗一年以上重新上岗时，必须进行相应的室或班组级安全教育。单位在实施新工艺、新技术或使用新设备、新材料时必须对有关人员进行相应的有针对性的安全教育。

2. 宣传教育

安全生产工作，必须要有广大职工群众积极主动的参与。应当采取多种形式，利用各种传播媒体，大力开展对安全生产法律、法规的宣传，使有关安全生产的法律、法规为广大职工群众所掌握，变成自觉行动。同时又能充分发挥职工群众的民主监督作用，保证有关安全生产的法律、法规真正得到有效的贯彻落实。做到管理人员不违章指挥，作业人员不违章作业，人人增强安全生产意识，加强自我保护，才可能防止和减少生产安全事故。组织对事故调查分析（工会要参加），按“三不放过”原则严肃处理。即事故原因分析不清不放过，事故责任者和群众没有受到教育不放过，没有制定出防范措施不放过。

3. 安全警示标志

在有危险因素的试验场所和有关设施、设备上，设置安全警示标志，及时提醒从业人员注意危险,防止试验人员发生事故。安全警示必须明显,如果安全警示标志不明显,随意设置,就起不到警示的作用。另外,对于安全警示的设置,包括颜色等,国家都有严格的规定,必须严格执行这些规定。安全警示标志见附录1。

## 二、劳动保护

劳动保护是国家和单位为保护劳动者在劳动生产过程中的安全和健康所采取的立法、组织和技术措施的总称。

劳动保护包括劳动安全保护和劳动卫生保护两个方面内容。劳动安全保护是为保护劳动者的劳动安全,防止和消除劳动者在劳动和生产过程中的伤亡事故,同时也防止生产设备遭到破坏。劳动卫生保护是为保护劳动者在劳动生产过程中的身体健康,避免有毒、有害物质的危害,防止、消除职业中毒和职业病。

劳动保护的目的是为劳动者创造安全、卫生、舒适的劳动工作条件,消除和预防劳动生产过程中可能发生的伤亡、职业病和急性职业中毒,保障劳动者身体健康,促进劳动生产率的提高。

1. 个人防护用品

个人防护用品是指在劳动生产过程中使劳动者免遭或减轻事故和职业危害因素的伤害而提供的个人保护用品,直接对人体起到保护作用。个人防护用品是保护职工安全与健康必不可少的辅助措施,在某种意义上,它是劳动者防止职业毒害和伤害的最后一项有效措施。

个人防护用品在生产劳动过程中,是必不可少的装备,用人单位或业主必须按照《中华人民共和国劳动法》和《中华人民共和国安全生产法》等国家有关规定提供必需的防护用品,不得任意削减,劳动者要按照劳动防护用品使用规则和防护要求正确使用劳动防护用品。

2. 劳动防护用品的特点

(1) 特殊性。劳动防护用品是一种是由用人单位公费购买,按防护要求免费提供给劳动者使用的特殊商品。

(2) 适用性。劳动防护用品须在进入工作岗位时使用,要求产品的防护性能可靠、能确保使用者的安全,还要求产品适用性能好、方便、灵活,使用者乐于应用。

(3) 时效性。劳动防护用品均有一定的使用寿命。如橡胶类、塑料等制品,时间久后,受紫外线及冷热温度影响会逐渐老化而易折断。有些护目镜和面罩受光线照射和擦拭,或者受到空气中的酸碱蒸汽的腐蚀,镜片的透光率逐渐下降而失去使用价值;绝缘鞋(靴)、防静电鞋和导电鞋等的电气性能,随着鞋底的磨损,将会改变电性能。

3. 防护用品分类

个人防护用品分类方法多种多样,常见分类方法有按防护部位分、按职业卫生角度分、按防护用品性质分、按防护用品用途分、按人体生理部位分等。这里我们主要介绍按防护用品防护部位分和职业卫生角度划分两种分类方法。

(1) 按防护部位划分

《劳动防护用品标准体系表》将防护用品按人体防护部位将用品划分为10个大类。

1) 头部护具类。头部护具是用于保护头部,防止头部撞击、挤压伤害的护具。

2）呼吸护具类。呼吸护具按防护用途分为防尘、防毒和供氧三类，按作用原理分为净化式、隔绝式两类。呼吸防护用品是预防肺尘埃沉着病和职业中毒等职业病的重要产品，主要产品有自吸过滤式防尘口罩、过滤式防毒面具、空气呼吸器、防微粒口罩等。

3）眼（面）护具类。眼（面）护具是保护作业人员的眼（面）部，防止异物、紫外光、电磁辐射、酸碱溶液等的伤害。主要产品有焊接护目镜和面具、炉窑护目镜和面具、防冲击眼护具、防微波眼镜、防X射线眼镜、防化学（酸碱）眼罩、防尘眼镜等。

4）听力护具类。听力护具是降低噪声保护听力的有效措施。主要产品有耳塞、耳罩和防噪声帽等品种。

5）防护手套类。防护手套是保护手和臂。主要产品有耐酸碱手套、电工绝缘手套、焊工手套、防X射线手套、耐温防火手套及各种套袖等。

6）防护鞋类。防护鞋是保护足部免受各种伤害。目前我国防护鞋的产品有耐高温鞋、绝缘鞋、防静电鞋、导电鞋、耐酸碱鞋、耐油鞋、工矿防水鞋、防刺穿鞋等品种，用于保护足部免受各种伤害。

7）防护服类。防护服是保护生产者免受作业环境的物理、化学和生物因素的伤害，防护服分为特殊防护服和一般作业服两类。特殊防护服产品有阻燃防护服、防静电工作服、防酸工作服、带电作业屏蔽服、防X射线工作服、防寒服、防水服、防微波服、潜水服、防尘服等。

8）护肤用品类。护肤用品是对劳动者裸露皮肤的保护。这类产品分为护肤膏和洗涤剂，前者在整个劳动过程中使用，后者在皮肤受到污染后使用。

9）防坠落护具类。防坠落护具是保护高处作业人员，防止坠落事故的发生。这类护具分为安全带和安全网两类。安全带产品分为围杆作业安全带、悬挂安全带和攀登安全带三类。安全网产品分为平网、立网两类。

10）其他防护装备类。有些产品尚不能归于某一防护部位而设立的门类，例如水上救生圈、救生衣等。

（2）职业卫生角度分类

从职业卫生角度考虑，劳动防护用品可分为以下七类。

1）头部防护类。如安全帽、防寒帽、矿工帽、女工防护帽等

2）呼吸器官防护类。如防尘口罩、防毒口罩、滤毒护具等。

3）眼、面防护类。如防冲击护眼具（防护眼镜）、焊接护目镜及面罩、炉窑护目镜及面罩等。

4）听觉器官防护类。如耳塞、耳罩、头盔等。

5）手足防护类。如绝缘手套、防酸碱手套、防寒手套、绝缘鞋、防酸碱鞋、防寒鞋、防油鞋、安全皮鞋（防砸鞋）等。

6）防护服类。如防机械外伤服、防静电服、防酸碱服、阻燃服、防尘服、防寒服等。

7）防坠落类。如安全带、安全绳等。

*4. 劳动防护用品的使用*

（1）劳动防护用品使用前应首先做一次外观检查，确认防护用品对有害因素防护效能的程度、防护用品外观有无缺陷或损坏、各部件组装是否严密、启动是否灵活等。

（2）根据工作环境和性质来确定作业类别，选用个人防护用品。

(3) 劳动防护用品必须在其性能范围内,不得超出极限使用,不能随便代替,更不能以次充好。

(4) 严格按照使用说明书正确使用劳动防护用品。

(5) 选购劳动防护用品时重点使用通过国家及国际标准企业生产的防护配备。

5. 常见防护用品及其使用

(1) 安全帽

安全帽是防止冲击物伤害头部的防护用品,由帽壳、帽衬、下颌带和后箍组成,帽壳和帽衬间留有一定空间,可缓冲、分散瞬时冲击力,以避免或减轻头部伤害。

使用前将帽箍调整带按头型调整到合适位置,头顶和帽体内顶部距离不小于 32 mm;安全帽要戴正、戴牢,不要把帽檐戴在脑后方,下颌带须系牢,松紧适度。任何受过重击(或冲击)的安全帽,不论有无损坏现象,均应报废。严禁使用只有下颌带与帽壳直接连接的安全帽。

(2) 防护鞋

防护鞋用于防御劳动中物理、化学和生物等外界因素伤害劳动者脚部的护具,有防砸、防刺穿、绝缘、防静电、耐酸碱等多种类型。防护鞋的选用与维护应根据工作环境的危害性质和危害程度而定。

防刺穿鞋用于足底保护,防止被各种尖硬物件刺伤。

防酸碱鞋具有防酸碱性能,适合脚部接触酸碱等腐蚀液体的作业人员。

防砸鞋是防御冲击挤压损伤脚骨的防护鞋。

电绝缘鞋是能使人的脚部与带电物体绝缘,防止电击的防护鞋。

防静电鞋是能及时消除人体静电积聚又能防止 250 V 以下电源电击的防护鞋。

(3) 防护手套

防护手套是指在工作中保护手部免受伤害的护具,主要有耐酸碱手套、电工绝缘手套、电焊手套、防 X 射线手套、石棉手套、耐高温手套、防割手套丁腈手套等。防护手套的品种很多,应在明确防护对象后,根据防护功能选用。

绝缘手套是起电气绝缘作用防护手套,适用于带电作业。绝缘手套应定期检验电绝缘性能,不符合规定的不能使用。

耐酸碱手套是预防酸碱伤害手部的防护手套。耐酸碱手套使用前应仔细检查,观察表面是否有破损,可使用向手套内吹气,捏紧套口,观察是否漏气的方法判断是否破损,发现漏气则不能使用。

耐油手套是用以保护手部皮肤避免受油脂类物质的刺激引起各种皮肤病的防护手套。

焊工手套是防御焊接时的高温、熔融金属、火花烧灼手的个人防护用具,按指型不同分为二指型、三指型和五指型。

耐切割手套用于预防尖硬物体刺伤、割伤手部的防护手套,适用于可能接触尖锐物体或粗糙表面的情形,主要用于金属加工、机械工厂、玻璃工业、汽车工业和钢铁板材工业等场所。

(4) 听力防护

长期在 90 dB(A)以上或短时在 115 dB(A)以上环境中工作,听力可能受到伤害时应进行听力防护。用于预防噪声危害的个人防护用品常见有耳塞和耳罩两大类,如图 6-1 所示。

耳塞是可以插入外耳道的有隔声作用的材料。按性能分为泡棉类和预成型两类。泡棉耳塞使用发泡型材料，压扁后回弹速度比较慢，允许有足够的时间将揉搓细小的耳塞插入耳道，耳塞慢慢膨胀将外耳道封堵起隔声目的。预成型耳塞由合成类材料（如橡胶、硅胶、聚酯等）制成，预先模压成某些形状，可直接插入耳道。

佩戴好耳塞后，应做耳塞佩戴气密性检查。进入噪声作业环境，双手手掌盖住双耳，听外面的声音，然后将双手拿开，如果前后听到的声响没有明显区别，说明密合良好。如果声响差别较大，说明耳塞没有与耳道很好的密合，需要重新佩戴。

耳罩的形状像耳机，用隔声的罩子将外耳罩住，耳罩之间用有适当夹紧力的头带（或颈带）将耳罩固定在头上，也可以有插槽与安全帽配合使用。

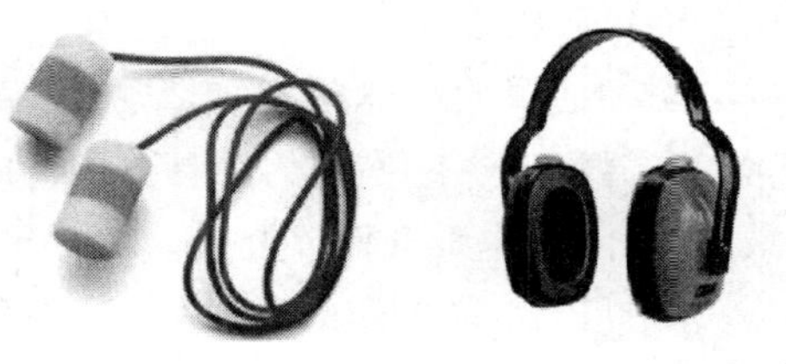

耳塞　　耳罩

图 6-1　耳塞耳罩图

(5) 眼面部防护

在劳动生产过程中，可能会因金属火花、飞屑、烟雾、粉尘、化学物质或光线对眼面部造成伤害。当工作条件不能改变时，则需要根据危害因素的不同而选择不同的眼面部防护用品，并正确使用。眼面部防护用品主要有防护眼镜、防护眼罩、防护面罩 3 种类型。

1) 防冲击眼镜

能防止金属、砂、屑等飞溅物对眼部的打击，多用于车、铣、刨、磨等工种。在选择防冲击眼镜时，要选择带侧翼的，以防护来自侧面的冲击物，镜片还应选择防雾镜片，以免佩戴者呼气造成镜片模糊。

2) 防护眼罩

能阻止各种冲击物对眼睛的伤害，也能起到对液体喷溅的防护。为保持眼罩内外的空气流通，防护眼罩在侧面设有间接的通风孔。在使用液体化学品的作业场所，若存在液体喷溅对眼睛造成伤害的风险时，应当选择防护眼罩来保护作业人员的双眼安全。需要防灰尘、烟雾及各种有害气体时，必须选择无通风孔的防护眼罩，且要与脸部接触严密，镜架要耐酸、碱，如图 6-2 所示。这种防护眼罩适用于毒性轻微、刺激性不太强的环境。在作业环境毒性较大的情况下，应与防毒面具一起使用。

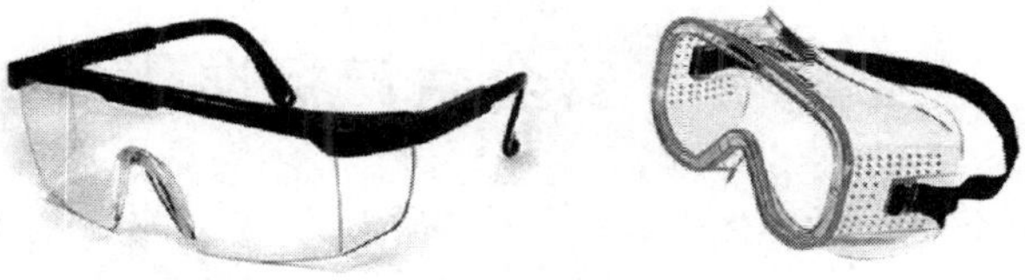

图 6-2　带侧翼的防冲击眼镜和防护眼罩

3) 防冲击和液体喷溅面屏

将眼睛和面部全部覆盖，对冲击物和液体喷溅起到较好的防护作用。如果面屏是可掀起并暴露眼睛的，就必须同时佩戴防冲击眼镜。如果作业场所还同时存在物体打击、粉尘、噪声等，选择防冲击和液体喷溅面屏时，应考虑能与安全帽、口罩、耳塞同时佩戴。

4) 焊接眼面部防护具

焊接作业场所中，应选择防护焊接弧光的护具。焊接防护面屏包括头戴式、手持式和配安全帽式面屏。实际使用中,应尽量使用焊接防护眼罩或焊接防护面屏,因为佩戴普通焊接防护眼镜,紫外线可通过面部与防护眼镜的缝隙进入眼部,不能有效防护焊接弧光中的紫外线和强光,从而伤害眼睛。此外,焊接工人如果还从事存在粉尘的作业,如打磨作业,还应佩戴防尘口罩;如在有物体打击的场所焊接时,应佩戴安全帽式面屏。

5) 全面罩呼吸器

全面罩呼吸器能覆盖使用者口、鼻、眼睛和面额,从而有效防止物体冲击、液体喷溅、有毒有害气体、粉尘等,在危险性较大的作业场所,尤其是有毒有害气体浓度较大的场所,应使用全面罩呼吸器。

防护面罩用来屏蔽面部,保护面部和脖颈免受飞来的金属碎屑、有害气体喷溅、熔融金属和高温溶剂飞沫伤害的用具。常见的防护面罩有防打击面罩、防辐射面罩、防化学液体飞溅面罩、防烟尘毒气面罩及隔热面罩等。

防打击面罩可防止金属屑、砂石等高速尘粒打击面部,多用于车、铣、刨、磨、凿岩等作业。

防辐射面罩适用于各种焊接作业,面罩上开有观察孔,嵌入遮光护目镜。为了便于作业,面罩有头戴式和手持式两种,观察孔也有固定式和翻动式两种。

防化学飞溅面罩主要用来防止酸碱等液体伤害面部。

防烟尘毒气面罩适用于毒气较小的作业,镶嵌着有机玻璃观察孔及可以更换滤料的过滤口罩,可防止由于接触沥青粉尘产生脸部皮炎和咽喉炎。

(6) 呼吸防护

长期工作在具有粉尘或有毒气体的环境下,若没有使用合适的防护产品,会对人体呼吸系统造成伤害。呼吸防护用品主要分为过滤式和隔绝式两大类。过滤式呼吸防护用品是依据过滤吸收的原理,利用过滤材料滤除空气中的有毒、有害物质,将受污染空气转变为清洁空气供给人员呼吸的一类呼吸防护用品。如防尘口罩、防毒口罩和过滤式防毒面具。

隔绝式呼吸防护用品是依据隔绝的原理,使人体呼吸器官、眼睛和面部与外界受污染空气隔绝,依靠自身携带的气源或导气管引入受污染环境以外的洁净空气为气源供气,保障人员正常呼吸和呼吸防护用品,也称为隔绝式防毒面具、生氧式防毒面具、长管呼吸器及潜水面具等。

## 第二节 安全生产标准化

**学习目标:**了解安全生产标准化的概念、作用和意义,掌握核工业安全生产标准化主体要求及内容。

### 一、安全生产标准化的含义

安全生产标准化,是指通过建立安全生产责任制,制定安全管理制度和操作规程,排查治理隐患和监控重大危险源,建立预防机制,规范生产行为,使各生产环节符合有关安全生产法律法规和标准规范的要求,人(人员)、机(机械)、料(材料)、法(工法)、环(环境)、测(测量)处于良好的生产状态,并持续改进,不断加强企业安全生产规范化建设。

安全生产标准化体现了“安全第一、预防为主、综合治理”的方针和“以人为本”的科学发展观，强调企业安全生产工作的规范化、科学化、系统化和法制化，强化风险管理和过程控制，注重绩效管理和持续改进，符合安全管理的基本规律，代表了现代安全管理的发展方向，是先进安全管理思想与我国传统安全管理方法、企业具体实际的有机结合，有效提高企业安全生产水平，从而推动我国安全生产状况的根本好转。

安全生产标准化包含安全目标，组织机构和职责，安全生产投入，法律法规与安全管理制度，教育培训，生产设备设施，作业安全，隐患排查和治理，重大危险监控，职业健康，应急救援，事故报告、调查和处理，绩效评定和持续改进 13 个方面。

安全标准化体系是一个现代的、先进的、与国际接轨的新型管理模式。涉及了企业安全生产的各个方面、每个要素。

## 二、安全生产标准化的主要作用

(1) 落实企业主体责任、规范安全生产工作的必要途径

国家有关安全生产法律法规和规定明确要求，要严格企业安全管理，全面开展安全达标。企业是安全生产的责任主体，也是安全生产标准化建设的主体，要通过加强企业每个岗位和环节的安全生产标准化建设，充分调动企业及其主要负责人在内的全体人员的积极性和主动性，使其自觉承担安全生产管理的各项工作和相应的责任，不断提高安全管理水平，促进企业安全生产主体责任落实到位。进一步明确了安全生产工作干什么和怎么干的问题，能够更好地引导企业落实主体责任，建立安全生产长效机制，持续改进提高安全管理水平。

(2) 体现安全管理先进思想、提升企业安全管理水平的重要方法

安全生产标准化是在传统的质量标准化基础上，根据我国有关法律法规的要求、企业生产工艺特点和中国人文社会特性，借鉴国外现代先进安全管理思想，强化风险管理，注重过程控制，做到持续改进，比传统的质量标准化具有更先进的理念和方法，比引进的职业安全健康管理体系有更具体的实际内容，形成了一套系统的、规范的、科学的安全管理体系，是现代安全管理思想和科学方法的中国化，有利于形成和促进企业安全文化建设，促进安全管理水平的不断提升。

(3) 强化企业安全生产基础工作的长效制度

安全生产标准化建设涵盖了增强人员安全素质、提高装备设施水平、改善作业环境、强化岗位责任落实等各个方面，是一项长期的、基础性的系统工程，有利于全面促进企业提高安全生产保障水平搞好安全生产的基础保障、提高企业本质安全水平的有效途径。

(4) 有效预防控制风险、防范事故发生的重要手段

有效防范事故发生的重要手段。深入开展安全生产标准化建设，能够进一步规范从业人员的安全行为，提高机械化和信息化水平，提升了设备设施的本质安全程度，促进现场各类隐患的排查治理，推进安全生产长效机制建设，有效防范和坚决遏制事故发生，促进全国安全生产状况持续稳定好转。

(5) 政府实施安全生产分类指导、分级监管的重要依据

实施安全生产标准化建设考评，要求企业对安全生产标准化工作进行自主评定和申请外部评审定级，将企业划分为不同等级，能够客观真实地反映出各地区企业安全生产状况和不同安全生产水平的企业数量，为加强安全监管提供有效的基础数据。

### 三、安全生产标准化的意义

推进安全生产标准化工作，是加强安全生产工作的一项带有基础性、长期性、前瞻性、战略性的持久性工作。安全生产标准化工作是强调企业安全生产工作的规范化、制度化、标准化、科学化、法制化，起点高，标准严。最终实现标准化作业，安全化操作，法制化管理。

### 四、核工业安全生产标准化主体要求及内容

在近期修改的安全生产标准化考核评级标准中的《第六部分：放射性物质运输、核设施退役和放射性废物管理》，尽量覆盖业务设施设备范围，融入了新法律法规，新增了安全文化、岗位达标等考核内容。

(1) 班组安全管理岗位达标考评的主要内容是：

1) 建立班组安全活动管理制度，至少应包括班前班后会、交接班、巡回检查、安全责任、设备维修保养等；

2) 作业班组设有专(兼)职安全员，协助班组长开展班组安全管理工作；

3) 定期开展与班组作业有关的安全教育和培训；

4) 坚持班前安全提醒和班后安全总结；

5) 坚持开展危险有害因素辨识、隐患排查治理和“反三违”工作；

6) 作业班组成员之间坚持作业过车中的安全监护和提醒；

7) 定期开展经验反馈，班组成员应知悉本单位重点安全环保工作要求以及通报的事故情况；

(2) 对于各职业模块安全生产标准化考核评级表中均有具体的考评指标，班组成员应知晓并执行程序与标准。

1) 知道公司的安全生产方针、目标及目标的量化指标；

2) 知道公司的安全承诺；

3) 知道公司的管理制度、自己岗位的操作规程，从业人员熟悉岗位和作业环境中存在的风险、有害因素及控制措施，要掌握岗位的工艺信息(各项数据、参数等)；

4) 全员应知道事故报告程序，知道防护器材、劳保品的使用。

## 第三节　消防知识

**学习目标：**了解常用消防器材，熟悉灭火器的使用，掌握火灾自救要点。

### 一、消防知识

消防工作是企业安全工作的一项重要内容，一旦发生火灾事故，往往会造成巨大的财产损失或人员伤亡。

1. 燃烧三要素

燃烧三要素包括：着火源、可燃物、助燃剂。

2. 火灾的分类

火灾按可燃物性质及形态可分为 A、B、C、D 等 4 类火灾。

表 6-1　火灾的分类

| 火灾类型 | A | B | C | D |
| --- | --- | --- | --- | --- |
| 火灾特性 | 固体物质火灾 | 液体火灾和可熔化的固体物质火灾 | 气体火灾 | 金属火灾 |
| 常见类型 | 木材、棉、毛、麻、纸张引起的火灾 | 汽油、煤油、原油、甲醇、乙醇、沥青、石蜡引起的火灾 | 煤气、天然气、甲烷、乙烷、丙烷、氢引起的火灾 | 钾、钠、镁、钛、锆、锂、铝-镁合金引起的火灾 |

3. 常见消防器材

（1）灭火器具

灭火器具指移动式灭火器及固定式灭火装置（如七氟丙烷灭火装置）等灭火器材，专为火警而设，用于火灾扑救，如图 6-3 所示。灭火器种类很多，按移动方式可分为手提式和推车式；按所充装的灭火剂分为泡沫、干粉、卤代烷、二氧化碳、清水等。

（2）消火栓

消火栓，通常叫消防栓，是一种固定式消防设施，如图 6-4 所示。消火栓包括室内消火栓系统和室外消火栓系统，室内消火栓系统包括室内消火栓、水带、水枪。室外消火栓包括地上和地下两大类。消火栓主要供消防车从市政给水管网或室外消防给水管网取水实施灭火，也可以直接连接水带、水枪出水灭火。消火栓系统是扑救火灾的重要消防设施之一。

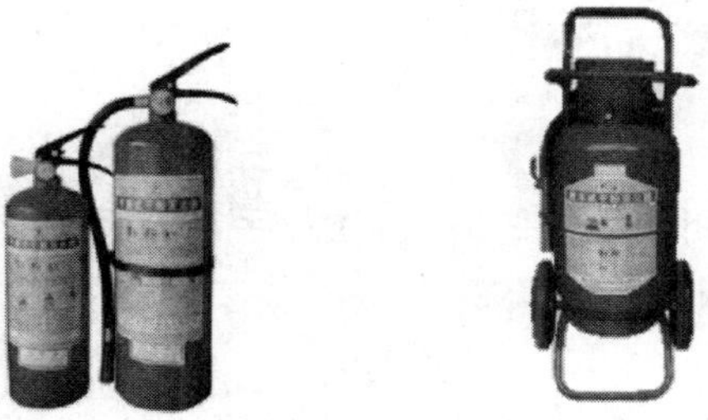

手提式干粉灭火器　　推车式干粉灭火器

图 6-3　灭火器图

图 6-4　消火栓

（3）破拆工具

包括消防斧、切割工具等。

（4）消防报警器材

消防报警器材主要用于火险探测与火险示警，通过消防报警系统可及早发现和通报火险，防止和减少火灾危害。消防报警器材主要有火灾探测器、报警按钮、报警器、火灾报警控制器等。

1）火灾探测器包括感温探测器、感烟探测器、感烟感温探测器、可燃气体探测器等，是整个报警系统的检测元件，用于检测火险信号。

2）报警按钮包括手动火灾报警按钮、消火栓按钮。

3）报警器包括火灾声报警器、火灾光报警器、火灾声光报警器，用于火险示警。

4）火灾报警控制器包括报警主机、CRT 显示器、直接控制盘、总线制操作盘、电源盘、消防电话总机、消防应急广播系统。

4. 常用的灭火方法

常用的灭火方法及灭火剂如表 6-2 所示。

表 6-2　常用灭火器

| 灭火器类别 | 水灭火剂 | 泡沫灭火剂 | 干粉灭火剂 | 二氧化碳灭火剂 |
|---|---|---|---|---|
| 灭火原理 | 主要依靠冷却和窒息作用灭火 | 主要灭火作用是隔离 | 主要通过在加压气体作用下喷出的粉末与火焰接触、混合时发生的物理、化学作用灭火 | 主要依靠窒息作用灭火 |
| 灭火类型 | 适用于 A 类火灾的扑救 | 适用于 A 类、B 类火灾的扑救 | 适用于 A 类、B 类、C 类及 D 类火灾的扑救 | 适用于 A 类、B 类、C 类火灾的扑救 |

工作要求:

(1) 工作场所应配备必要的消防设备,并定期检查和试验,保证随时可用,消防通道要保持通畅,通道门应始终处于正常关闭状态,但严禁上锁,各种消防及撤离标志应清晰、醒目。

(2) 工作人员应熟悉现场附近的消防设施、求救电话以及撤离路线。

(3) 未经许可,现场不得存放易燃易爆物品。存放易燃易爆物品地点周围严禁动火作业。

(4) 厂区的生产岗位、工作场所和储存化工原料区域严禁吸烟。因工作需要使用的火源、热源、电炉等应定点、定位、定人管理,并执行“动火制度”。

5. 常用消防器材的使用

(1) 防火报警器

当发生火灾时在消防火灾探测器没有探测到火灾的时候,人员手动按下手动火灾报警按钮,按下手动报警按钮 3～5 s,手动报警按钮上的火警确认灯会点亮,报告火灾信号。

(2) 消火栓

当发生火灾时,找到离火场距离最近的消火栓,打开消火栓箱门,取出水带,将水带的一端接在消火栓出水口上,另一端接好水枪,拉到起火点附近后方可打开消火栓阀门。

(3) 灭火器

常用的灭火器包括干粉灭火器、泡沫灭火器、四氯化碳灭火器、二氧化碳灭火器。

## 二、灭火

出现火险情况时,要立即拨打 119 火警电话报警,在确保自身安全的前提下实施灭火,同时派专人接应消防队。灭火人员应站在火场的上风向。带电设备着火时,应首先将电源切断,然后进行灭火。

1. 手提式干粉灭火器的使用

检查灭火器压力,确认灭火器压力充足、有效。使用前将瓶体颠倒几次,使筒内干粉松动。提取灭火器赶到火灾现场,除掉铅封,拔掉保险栓,离火源 2～3 m,一手按下压把,一手握住喷嘴对准火焰根部横扫,向前推进灭火。室外使用时应站在火源的上风口。

2. 推车式干粉灭火器的使用

把灭火推车拉或推至火灾现场,取下喷枪,并平直展开喷粉软管(不能弯折或打圈),除掉铅封，拔下保险销，用手掌按下供气阀门，一手拖着喷粉枪管托对准火焰根部，一手把持枪把用手指扳动喷粉开关，左右扫射推进，直至干粉笼罩燃烧区，火灾扑灭。推车式干粉灭火器使用时，一般两人配合，一人手持喷枪灭火，一人推动灭火器跟进。

3. 泡沫灭火器的使用

提着灭火器（不得过分倾斜，更不可横拿或颠倒），当距离着火点 10 m 左右时颠倒筒体，一只手紧握提环，另一只手扶住筒体的底圈，将射流对准燃烧物灭火。灭火完成后将灭火器喷嘴朝下平放。

在扑救可燃液体火灾时，如已呈流淌状燃烧，则将泡沫由远而近喷射，使泡沫完全覆盖在燃烧液面上。如在容器内燃烧，应将泡沫射向容器的内壁，使泡沫沿着内壁流淌，逐步覆盖着火液面。切忌直接对准液面喷射，以免由于射流的冲击，反而将燃烧的液体冲散或冲出容器，扩大燃烧范围。灭火时随着有效喷射距离的缩短，使用者应逐渐向燃烧区靠近，并始终将泡沫喷在燃烧物上，直到扑灭。使用时，灭火器应始终保持倒置状态，否则会中断喷射。

4. 四氯化碳灭火器的使用

四氯化碳气体是无色透明、不导电、密度比空气大的气体。灭火时，将筒身倒置，喷嘴向下，旋开手阀，即可喷向火焰使其熄灭。

四氯化碳灭火器适用于扑灭电器设备和贵重仪器设备的火灾。四氯化碳毒性大，使用者要站在上风口。在室内，灭火后要及时通风。

5. 二氧化碳灭火器的使用

将二氧化碳灭火器提至火灾现场，拔掉保险销，用手抓住喷管的塑料部位，使用时将喷管对着着火物质或火源的根部，另一只手压下手柄即可喷出二氧化碳气体灭火。

二氧化碳灭火器适用于精密仪器、电气设备以及油品化验室等场所的小面积火灾。二氧化碳由液态变为气态时，大量吸热，温度极低（可达到－80 ℃），要避免冻伤，最好佩戴手套。另外，二氧化碳虽然无毒，但是有窒息作用，应尽量避免吸入

## 三、应急逃生

火灾造成人类死亡的原因是火焰烟雾中毒所致的窒息，火焰又可造成呼吸道灼伤及喉头水肿，还有直接被大火吞没烧死或跳楼坠亡。掌握火灾逃生自救要点，可将火灾危害降至最低：

（1）遇到火灾首先不要惊慌，要迅速逃生，不要贪恋财物。

（2）根据火灾发生时的风向来确定疏散方向，在火势蔓延之前，朝逆风方向快速离开火灾区域。

（3）受到火势威胁时，用水淋湿衣物或身披浸湿的衣服、被褥等向安全出口逃生，不要往柜子里或床底下钻，也不要躲藏在角落里。

（4）身上着火，千万不要奔跑，可就地打滚或用厚重的衣物压灭火苗。

（5）穿过浓烟逃生时，要尽量使身体贴近地面，并用湿毛巾捂住口鼻。

（6）室外着火，门已发烫，不要开门，以防大火蹿入室内，要用浸湿的被褥，衣物等堵塞门窗缝，并泼水降温。

（7）逃生线路被大火封锁，要立即退回室内，用打手电筒、挥舞衣物、呼叫等方式向窗外

发送求救信号,等待救援。

(8) 当被烟气窒息失去自救能力时,应努力滚向墙边或者门口,以便消防员搜索救援,同时也可以防止房屋塌落砸伤自己。

(9) 不要盲目跳楼,可利用疏散楼梯、阳台、落水管等逃生自救,也可把床单、被套撕成条状连成绳索,紧拴在窗框、暖气管、铁栏杆等固定物上,用毛巾、布条等保护手心,顺绳滑下,或下到未着火的楼层脱离险境。

(10) 不论是位于起火房间还是未着火房间,逃到室外后,要随手关闭通道上的门窗,以减缓烟雾沿逃离的通道蔓延。

# 第四节　特种作业安全知识

**学习目标:** 了解特种设备的范围以及管理,了解高处作业、动火作业、受限空间作业的定义,熟悉动火作业、受限空间作业的安全要求。

## 一、特种设备

特种设备是指由国家认定的,因设备本身和外在因素的影响容易发生事故,并且一旦发生事故会造成人身伤亡及重大经济损失的危险性较大的设备。常用的特种设备包括:锅炉、压力容器、压力管道、电梯、起重机械(吊车、电动葫芦等)、客运索道、大型游乐设施、场(厂)内机动车辆等。

1. 安装、改造、维修

(1) 特种设备在安装、改造、维修工作前,必须到特种设备安全监督管理部门办理相关认可、审批手续。

(2) 特种设备经安装、改造、维修后,必须经特种设备检验机构检验合格后,方可使用。

(3) 新安装的特种设备必须到特种设备安全监督管理部门办理注册登记手续。

2. 使用与管理

(1) 特种设备须按照法定的周期检验,无有效检验合格证的特种设备禁止使用。

(2) 特种设备操作人员必须经过技术培训并经考试合格,取得“特种作业人员操作证”后,才能独立操作。特种设备作业人员应严格执行操作规程,做好特种设备的日常巡检、定期检查和维护工作。

(3) 特种设备操作人员在作业过程中发现特种设备存在缺陷时,应立即报告,不得擅自进行修理,禁止带故障运行。

## 二、施工作业安全

项目建设、检修工程必须在所编制的施工组织设计(计划)中编列明确的安全技术措施,并由项目管理单位进行施工技术交底,施工负责人应向施工人员交代安全操作方法和应注意的安全事项。

施工现场的临时电源与作业地点的水平距离和悬吊高度,应符合规范要求。

施工现场应设立安全警示标志,危险区域应设立警戒线、悬挂“危险”“禁止通行”等标志，夜间应加装警示灯。

进入设备、管道、坑、洞等空气不流通的场所施工，必须采取防窒息的措施（通风、换气等）。

高空作业所用的材料应堆放平稳，所用的工具应装入工具袋内，防止坠落伤人，施工拆除的模板、废料，更换下来的工件，禁止向下抛掷，并及时清出现场。

因施工拆除或损坏的各种安全保护装置、设施、标志必须及时恢复。

## 三、动火、动焊作业

凡进行焊接、烘烤、喷灯、打磨、切割、加热、使用碘钨灯等作业时，必须办理动火许可手续。重点要害岗位，危险性场所动火、动焊作业必须手续齐全，措施有效，经过批准。

动火、动焊前，应做好各项防火措施，现场配备灭火装置，并确认灭火有效。动火、动焊前应彻底清理动火设备或管路，对有可能残留危险物品的设备或管路应进行化学处理；在高处进行动火作业时，还应使用阻燃材料的防火布对作业点下方区域进行防护及隔离，必要时应设置警示围栏。

在容器内工作应按规定使用低压照明，通风不良以及无人在外监护时不能动火、动焊。

动火、动焊作业期间必须指定动火监护人。动火作业完毕，必须彻底检查、清理作业现场，在确认无火种遗留后，方能撤离动火作业现场。

## 四、高处作业

凡在坠落高度基准面 2 m 以上（含 2 m）的可能坠落的高处所进行的作业，称为高处作业。在没有脚手架或没有栏杆的脚手架上工作时，高度超过 1.5 m，也视为高处作业。高处作业未采取防护措施或防护不当，可能发生高处坠落事故。

1. 一般要求

（1）高处作业时，应铺设工作平台，无工作平台时，应搭设脚手架，工作平台的边缘和开口部位要安装扶手或围栏，如不便安装扶手或围栏，应设置救生网。

（2）高处作业时须佩戴安全带，安全带使用时应高挂低用，并挂在牢固的物体上，使用吊篮工作时，安全带应挂在建筑物的可靠处或安全绳上，不得挂在吊篮的钢丝绳上。

（3）工作人员不得在高处作业地点下面通行或逗留。

（4）高处作业人员随身携带的工器具应放在工具袋内，作业面上较大的工具应用绳索固定在牢固的构件上，在格栅式平台上工作时，为了防止工器具掉落，应铺设板材或塑料布加以防护。工器具传递应用工具袋或用绳索系牢后传递，禁止采用上下抛掷的方式传递。

（5）尽量避免上下层同时进行立体交叉作业，确因工作需要必须上下层同时工作时，须在中间搭设严密的防护隔板或采取其他的隔离措施。

（6）工作面上不准堆放超过允许载荷的物件。在六级（风速 10.8～13.8 m/s）及以上的大风以及暴雨、打雷、大雾等恶劣天气，不得进行露天高处作业。

2. 梯子

（1）梯子仅限于登高用途，不得挪作他用。

（2）每年至少要进行一次外观检查，检查合格后张贴合格证，检查不合格或有缺陷的梯子,应及时搬离工作现场。

(3) 使用前应将梯子安置稳固,在光滑坚硬的地面上使用梯子时,应用绳索将梯子下端与固定物拴住,防止滑动,在通道上使用梯子时应设监护人或临时围栏,梯子一般不准在门边使用,必须使用时,应采取防止门突然开启的措施。

(4) 梯子上只允许一个人工作(二人梯除外),下方应有人扶着梯子。上下梯子时必须交替握紧梯柱,不允许手中持物。梯子使用时,与地面的夹角宜为70°±5°。

(5) 工作人员必须在距离梯顶不少于1 m的梯蹬上工作。

(6) 不得将伸缩梯、人字梯拆开作单梯使用。

## 五、受限空间作业

"受限空间"是指生产区域内贮罐、槽车、塔、釜等封闭、半封闭的设备设施及场所,凡是进入以上地点进行检修、清理等作业,均为进入受限空间作业。

因为这类设备或设施内可能存在有毒有害物质和易燃易爆物质,也可能存在令人窒息的物质,在施工中可能发生着火、爆炸、中毒和窒息事故。此外,有些设备或设施内有各种传动装置和电气装置,如果检修前没有彻底分离和切断电源,或者传动装置的误操作,会发生搅伤、触电事故。因此,必须对进入受限空间作业实行特殊的安全管理,以避免意外事故的发生。

1. 工作要求

(1) 工作负责人应确认相关电、气、水等隔离措施已落实并挂牌。

(2) 根据风险分析情况,准备个人防护用品及其他安全设施,必要时应制订应急预案。

(3) 进入密闭场所作业前,须先测试气体浓度,其中氧含量应高于18%。

(4) 有毒有害气体、易燃易爆气体的含量应在法规的限值之下。如气体浓度不满足上述要求,应进行吹洗和通风置换,经再次测试气体浓度达标后,方可进入。

(5) 当气体浓度在吹洗、通风后依然无法达标,但因抢修、抢险等紧急原因必须进入密闭场所作业时,须使用防毒面具、空气呼吸器等个人呼吸防护设备。

(6) 工作场所应提供足够的通风,带入工作场所的工器具、物品必须进行登记。

(7) 若作业时间较长,应每隔两小时测试一次气体浓度,如发现超标,应立即停止工作,迅速撤离人员。

(8) 作业时现场至少设置一名专职监护人,在有害气体环境作业时须至少设置2名监护人。

(9) 在密闭场所内使用的照明电压不得大于36 V,在潮湿环境或金属容器内照明电压不得大于12 V。

(10) 一旦发生人员窒息、中毒事故,应立即按急救常识中的相关要求,组织抢救。

(11) 工作结束后,工作负责人应检查确认无人员、工具、材料遗留在现场,恢复盖板、人孔等防护措施。

2. 安全要点

(1) 工作前必须熟悉现场情况,制定施工安全措施。必须全面检查安全措施落实情况,包括阀门开闭、盲板安插、人孔打开、分析数据、通风装置及劳动保护器具等项目是否符合安全要求。

(2) 工作前,检修项目负责人必须对作业人员进行安全教育,使之全面了解工作性质、防护、监护办法及其他安全注意事项。

(3) 检修人员应服从检修负责人及监护人员的指挥。只有在安全措施落实、检修负责人同意、监护人员在场、护具齐全时方能进入设备。进入时间不宜过长,由监护人控制,体弱者不准进入设备。

(4) 进行设备内的清理、防腐、补焊等作业,必须采取强制通风措施,及时排除作业中产生的粉尘、毒物,人员佩戴好相应的劳动用品及护具。

(5) 佩戴防毒面具人员,必须熟悉防护器材性能和使用方法,使用前要作气密性检查。长管进气口,应放在上风口,离地面 5 cm 以上,并令人看守。使用中不准摘下面具,在酸罐内作业应穿耐酸衣、鞋。作业中若感不适,应立即退出工作面休息,进入容器,禁止使用过滤式面具。

(6) 同一设备内不宜两个人以上同时作业;确须多人同时作业时,应事先对作业方案研究设计,有同类案例可借鉴、采取可靠安全措施,方可进入"受限空间"作业。

(7) "受限空间"内照明,应使用 12 V 防爆型安全行灯或防爆型干电池灯。

(8) "受限空间"内尽量避免使用油料;如必使用时,须专用容器存放,禁止喷洒倾倒,杜绝火源。工作完毕应及时清理油污、棉纱杂物,严防燃爆事故。

## 第五节　环境保护知识

**学习目标:**了解环境保护的国家政策、标准、规章制度,掌握固体废物污染控制原则。

### 一、环境保护标准

环境标准是为了防治环境污染,维护生态平衡,保护人群健康,对环境保护工作中需要统一的各项技术规范和技术要求所做的规定。具体地讲,环境标准是保护人群健康,促进生态良性循环,实现社会经济发展目标,根据国家的环境政策和法规,在综合考虑国家自然环境特征、社会经济条件和科学技术水平的基础上,规定环境中污染物的允许含量和污染源排放污染物的数量、浓度、时间、速度以及监测方法和其他有关技术规范。

我国环境标准是技术法规,具有法规约束性。国家环境标准大都是法律规定必须严格贯彻执行的强制性标准。我国环境标准从层级上划分为国家标准和地方标准;从内容和性质上划分为环境质量标准、污染物排放标准、方法标准、标准样品标准和基础标准。

国家环境标准分为强制性标准和推荐性标准。环境质量标准和污染物排放标准以及法律法规规定必须执行的标准属于强制性标准,强制性标准必须执行。强制性标准以外的环境标准属于推荐性标准,推荐性标准被强制性标准引用时也必须强制执行。

### 二、环境保护制度

为防治环境污染,保护人群健康,1973—1979 年国家确定了以污染源为控制对象,以单项治理为主体,以控制点源排放浓度为目标的"老三项"环境管理制度,"老三项"环境管理制度成为我国环境管理的基础措施。“老三项”环境管理制度包括环境影响评价制度、“三同时”制度和排污收费制度。

在总结我国环境管理经验的基础上,1989 年 5 月召开了第三次全国环境保护会议,推出了中国新的环境管理思想、管理制度和对策。新的管理制度弥补了原有三项制度的不足,明确了地方政府和企业的环境责任,确立了城市环境保护工作的发展方向,加大了污染治理的力度。新五项环境管理制度包括环境保护目标责任制、城市环境综合整治定量考核制度、排污许可证制度、污染集中控制制度、污染限期治理制度。

除以上环境保护制度以外,为保护环境,防治污染,国家还制定了总量控制制度、环境监测制度、落后工艺设备限期淘汰制度、环境污染与破坏事故报告制度等。

1. 环境影响评价制度

环境影响评价是指对规划和建设项目实施后可能造成环境影响进行分析、预测和评估,提出预防或者减轻不良环境影响的对策和措施,进行跟踪监测的方法和制度。

环境影响评价制度贯彻了“预防为主”的环境保护政策,为开展区域政策环境影响评价,实施环境与发展综合决策创造了条件。

2. “三同时”制度

“三同时”指建设项目需要配套建设的环境保护设施,必须与主体工程同时设计、同时施工、同时投产使用。“三同时”制度是预防性环境管理的法律制度,是防止新的污染和生态破坏的重要措施。

“同时设计”要求建设项目配套的环保设施与主体工程同时设计。“同时施工”要求完成同时设计的环保设施与主体工程同时施工。“同时投产”要求完成同时施工的环保设施与建设项目主体工程同时投入运行,“同时投产”是“三同时”的核心。其中,同时投产的前提是环保设施与主体工程同时进行竣工验收,环保设施经验收合格,该建设项目方可正式投入生产或者使用,只有环境保护设施与生产设施同时投入使用才能避免或减轻对环境造成的损害。

“三同时”贯穿于建设项目的设计、施工、生产三个重要环节,使建设项目能够在投产后最大限度地减少环境污染,完整地体现和贯彻了“预防为主”的原则,有效地控制了新的污染和生态破坏的产生。

3. 排污收费制度

排污收费制度是指向环境排放污染物或超过规定的标准排放污染物的排污者,依照国家法律和有关规定按标准交纳费用的制度。

征收排污费的目的,是为了促使排污者加强经营管理,节约和综合利用资源,治理污染,改善环境。排污收费制度是“污染者付费”原则的体现,可以使污染防治责任与排污者的经济利益直接挂钩,促进经济效益、社会效益和环境效益的统一。

2003 年 7 月 1 日,《排污费征收使用管理条例》正式实施,标志着我国实施多年的排污收费制度发生了重大变化。如在收费方式上,从原来的超标排放收费改变为按污染物的种类、数量实行排污即收费与超标收费并存的方式。在收费金额上,排污金额向接近或高于治理成本的收费转变。在征收范围上,将个体工商户纳入到排污费的征收范围内。

4. 环境保护目标责任制

环境保护目标责任制通过目标责任书确定了一个区域、部门环境保护主要责任者和责任范围，运用定量化、制度化的目标管理办法，把贯彻执行环境保护这一基本国策作为各级地方政府和决策者的政绩考核内容，纳入到各级地方政府的任期目标之中。

环境保护目标责任制是一项依据国家法律规定，具体落实各级地方政府对本辖区环境质量负责的行政管理制度，它是一项综合性的管理制度。

5. 城市环境综合整治制度

城市环境综合整治，就是把城市环境作为一个系统整体，以城市生态学为指导，对城市的环境问题采取多层次、多渠道、综合的对策和措施，对城市环境进行综合规划、综合治理、综合控制，以实现城市的可持续发展。

城市环境综合整治制度是与目标责任制有相同历史背景、地位和作用的一项城市环境管理制度，城市政府是制度的执行主体，环保部门的职责是指导和监督。这是城市政府统一领导负总责，有关部门各尽其职、分工负责，环保部门统一监督的管理制度。

6. 排污许可证制度

排污许可证制度是指向环境中排放污染物的企业、事业单位，必须首先向环保行政主管部门申请领取排污许可证，经审查批准发证后，方可按照排污许可证上规定的条件排放污染物的环境法律制度。它是在实行排污申报登记制度的前提下，对排污者排污的定量化管理。

排污申报是实行排污许可证制度的基础，也是一项法律规定的管理制度。排污申报主要任务是要掌握排污现状和排污规律，作为分配排污负荷、确定污染物削减量预计出去削减措施的前提和依据。

7. 污染物集中控制制度

污染物集中控制制度指在一个特定范围内，为保护环境建立集中设施和采取相应的管理措施。

污染集中控制，应以改善流域、区域等控制单元的环境质量为目的，依据污染防治规划，按照废水、废气、固体废物等的性质、种类和所处的地理位置，以集中治理为主，用尽可能小的投入获取尽可能大的环境、经济、社会效益。

8. 污染限期治理制度

污染限期治理制度指对造成严重污染的企业事业单位，由人民政府依法决定，环境保护行政主管部门监督其在一定的期限内完成治理任务的环境法律制度。

污染限期治理制度抓住了环境污染的重点，具有显著的环境效益。该制度在给企业压力的同时，也给企业一定的时间和自由度，使企业可以规定的限期内，选择最经济有效的治理措施，能促使企业在规定的限期内去筹措治理资金。

9. 总量控制制度

总量控制是污染物排放总量控制的简称，它将某一控制区域作为一个完整的系统，采取措施将排入这一区域内地污染物总量控制在一定数量之内，以满足该区域环境质量要求。

总量控制首先是一种环境管理思想，同时也是一种环境管理的手段，即为了使某一时空范围的环境质量达到一定的目标标准，控制一定时间、区域内排污单位污染物排放总量的环境管理手段。

## 三、环境保护基本政策

国务院制定并发布或由国务院有关主管部门、省、自治区、直辖市负责制定,经国务院批准发布的环境保护规范性文件属于环境政策。环境政策是推动和指导经济与环境可持续协调发展的重要依据和措施。我国环境保护三项基本政策为“预防为主、防治结合、综合治理”的政策,“谁污染、谁治理”的政策和强化环境管理的政策。

“预防为主、防治结合、综合治理”的政策是把环境保护纳入国家和地方的中长期及年度国民经济和社会发展计划;对开发建设项目实行环境影响评价制度和“三同时”制度。

“谁污染、谁治理”政策的含义是污染者付费、开发者保护、利用者补偿、破坏者恢复,其主要目的是促使污染者承担治理其污染的责任和费用。

强化环境管理的政策是三大政策的核心,主要目的是通过强化政府和企业的环境管理,控制和减少管理不善带来的环境污染和破坏。

## 四、固体废物污染控制

1. 固体废物污染防治三原则

《中华人民共和国固体废物污染环境防治法》确定了固体废物污染防治的原则为减量化、资源化、无害化。

减量化——清洁生产:通过改善生产工艺和设备设计,以及加强管理,来降低原料、能源的消耗量;通过改变消费和生活方式,减少产品的过度包装和一次性制品的大量使用,最大限度地减少固体废物产生量。

资源化——综合利用:将固体废物视为“放错了地方的资源”,或是“尚未找到利用技术的新材料”,通过综合利用,使有利用价值的固体废物变废为宝,实现资源的再循环利用。

无害化——安全处置:对无利用价值的固体废物的最终处置(焚烧和填埋),应在严格的管理控制下,按照特定要求进行,实现无害于环境的安全处置。

2. 固体废物处置常用的方法

(1) 预处理方法

城市废物的种类复杂,大小、形状、状态、性质千差万别,一般需要进行预处理。常用的预处理技术有三种:

1) 压实。用物理的手段提高固体废物的聚集程度,减少其容积,以便于运输和后续处理,主要设备为压实机。

2) 破碎。用机械方法破坏固体废物内部的聚合力,减少颗粒尺寸为后续处理提供合适的固相粒度。

3) 分选。根据固体废物不同的物质性质,在进行最终处理之前,分离出有价值的和有害的成分,实现“废物利用”。

(2) 卫生填埋方法

区别于传统的填埋法,卫生填埋法采用严格的污染控制措施,使整个填埋过程的污染和危害减少到最低限度。

（3）一般物化处理方法

工业基础生产产生的某些含油、含酸、含碱或含重金属的废液，均不宜直接焚烧或填埋，要通过简单的物理化学处理。经处理后水溶液可以再回收利用，有机溶剂可以做焚烧的辅助燃料，浓缩物或沉淀物则可送去填埋或焚烧。因此，物理化学方法也是综合利用或预处理过程。

（4）安全填埋方法

安全填埋是一种把危险废物旋转或贮存在环境中，使其与环境隔绝的处置方法。也是对其经过各种方式的处理之后所采取的最终处置措施，目的是割断废物和环境的联系，使其不再对环境和人体健康造成危害。所以，是否能阻断废物和环境的联系便是填埋处置成功与否的关键，也是安全填埋潜在风险的所在。

（5）焚烧处理方法

焚烧法是一种高温热处理技术，即以一定的过剩空气量与被处理的有机废物在焚烧炉内进行氧化燃烧反应，废物中的有害有毒物质在高温下氧化、热解而被破坏。焚烧的主要目的是尽可能焚毁废物，使被焚烧的物质变成无害物质和最大限度的减容，并尽量减少新污染物质的产生，避免造成二次污染。

焚烧处置技术的潜在问题是焚烧尾气可能造成环境的二次污染。因为，焚烧时必定产生焚烧尾气，焚烧尾气的常见物有：重金属灰尘污染物、酸性气体、氮氧化物、一氧化碳和有机氯化物等。为了防止焚烧对环境的二次污染，工况控制和尾气净化是污染控制的关键。

（6）热解法

区别于焚烧，热解技术是在氧分压较低的条件下，利用热能将大分子量的有机物裂解为了分子量相对较小的易于处理的化合物或燃料气体、油、炭黑等有机物质。

# 第七章　质量管理

## 第一节　方针目标管理

**学习目标**：*了解质量方针管理的基本概念、特点及实施方法。*

### 一、概念

方针目标管理，在日本叫作方针管理，在美国及西方国家叫目标管理（Management by Objective，MBO）。它为全员参与实现组织目标、实施全面质量管理提供了一种非常有效的路径。

方针目标管理是企业为实现以质量为核心的中长期和年度经营方针目标，充分调动职工积极性，通过个体与群体的自我控制与协调，以实现个人目标，从而保证实现共同成就的一种科学管理方法。

这里所说的“个体”是指个人、岗位；“群体”是指企业、部门、分厂（车间）、工段、班组；“自我控制”是指根据目标的要求，调整自己的行为，以促使目标的实现；“共同成就”是指企业目标和部门、车间、班组目标。

### 二、特点

作为一种科学管理的方法，方针目标管理具有以下特点：

强调系统管理，层层设定目标，建立目标体系，并且围绕企业方针目标将措施对策、组织机构、职责权限、奖惩办法等组合为一个网络系统，按 PDCA 循环原理展开工作，重视管理设计和整体规划，进行综合管理。

强调重点管理，它不代替由标准、制度或计划（如生产计划）所规定的业务职能活动，它不代替日常管理，只是重点抓好对企业和部门的发展有重大影响的重点目标、重点措施或事项。其他则纳入到按职能划分的日常管理中去。重点目标主要指营销、能耗、效益、安全、质量改进、考核等。

注重措施管理，管理的对象必须细化到实现目标的措施上，而不是停留在空泛的号召上。为此，要切实将目标展开到能采取措施为止，对具体措施实施管理。

注重自我管理，它要求发动广大职工参与方针目标管理的全过程，而不是仅靠少数人的努力。并且还为企业各级各类人员规定了具体而明确的目标，从工人到管理人员都要被目标所管理。同时，又要为完成目标而努力调整自己的行为，实行“自我管理”。

### 三、实施

企业方针目标管理包括方针目标的制订、展开、动态管理和考评四个环节，本章重点介绍在部门、车间、班组、岗位实施方针目标管理的相关内容。

1. 方针目标的制定

依据企业经营理念、规划和中长期计划、上一年度方针实施中存在的问题、外部竞争环境变化等制定出本年度的质量目标，目标设立时必须确定目标完成程度的评价尺度，要保证可测量。

2. 方针目标的展开

企业方针目标应通过层层展开将其落到实处，成为部门、车间、班组和全体职工的奋斗目标和行动指南。上一级措施就是下一级目标，即下一级负责人根据上一级的目标，结合本部门的试剂情况和问题，制定本部门的目标，研究完成这些目标的方案。

方针目标展开是指把方针、目标措施逐层进行分解，加以细化，具体落实。

（1）方针目标展开的要求

1）搞好方针、目标和措施三个层次的衔接与对应，上一级措施就是下一级目标，即用目标来保证方针，用措施保证目标。

2）纵向按管理层次展开。企业各部门、车间根据上一级的方针目标，结合本部门的实际情况与问题点，制订本部门的方针目标。下一级所制订的方针目标就是对上一级方针目标的展开。横向按关联部门展开由几个部门共同承担的目标，首先要确定主要责任部门，其次要建立关联部门的目标责任制，再次对需要协调的工作规定具体办法。

3）坚持用数据说话，目标值应尽可能量化。

4）一般方针展开到企业和部门（或车间）这两级，目标和措施展开到考核层为止。

5）每一部门要结合本部门的问题点展开，立足于改进。

（2）方针目标展开的程序

方针目标横向展开可制定目标计划书，把涉及厂级领导、部门、车间之间关系的重大目标措施排列成表，明确责任（负责、实施或配合）和进度要求，如表 7-1 所示。

**表 7-1　年度方针目标计划书**

| 上级方针目标 | 部门方针 | 部门目标 | 期限 | 相关部门 | 对策 | 责任人 |
|---|---|---|---|---|---|---|
| | | | | | | |

方针目标纵向展开可用树图等工具，自上而下逐级展开，如图 7-1 所示。企业的纵向展开包括以下层次：从最高管理者展开到管理层；管理层展开到二级机构；二级机构展开到车间；车间展开到班组或岗位（含管理人员）；班组或岗位目标展开到措施为止。班组目标管理的开展是企业方针目标管理的基础环节。首先要抓好班组目标的展开，并应围绕班组目标，组织开展班组建设、民主管理、自主管理和 QC 小组活动。

方针目标展开中涉及大量的部门、车间和人员之间的关系。由于立场角度不同，对同一事物常有分歧看法，必须经过充分协调，才能统一意见、协同工作。

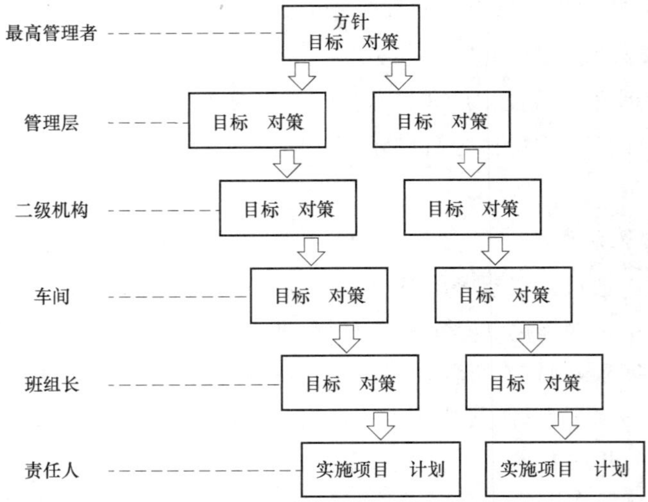


图 7-1　质量管理纵向展开图

# 第二节　现场质量管理

**学习目标：**了解现场质量管理含义、质量管理体系，掌握现场质量管理主要工作内容，作业人员在现场质量管理中的职责和权限。

## 一、现场质量管理含义

1. 现场的含义

现场是指完成工作或开展活动的场所。如生产车间、建筑工地、营业大厅、车厢以及科技服务业的办公室等都是这里所说的现场。

2. 现场质量管理的含义

现场质量管理是指产品加工(或制造)和服务提供过程的质量管理。通常又称为产品生产和服务第一线的质量管理。其范围是从原材料投产到产品完工的所有制造加工过程，或者从服务开始到服务交付的所有服务提供过程。

3. 现场质量管理与质量管理体系

现场质量管理是质量管理体系的重要组成部分，也是质量管理体系的一个基本环节。在 2000 版 GB/T 19001 和 GB/T 19004 标准中，现场质量管理范围主要包含在标准的第 7 章“产品实现”这一主过程中，重点是对“生产和服务提供”(7.5)的所有过程进行的控制和改进。同时，也涉及标准中相应的管理过程和支持过程，如资源的配置和必要的测量活动等。

## 二、现场质量管理的主要工作内容

现场管理的主要工作遵从人、机、料、法、环、测等 6 个方面的管理。

1. 人员(操作者、作业人员)的管理

(1) 明确不同岗位人员的能力需求，确保其能力是胜任的。

(2) 提供必要的培训或采取其他措施，以满足并提高岗位人员任职能力。

(3) 鼓励员工参与，以加强对过程的控制和改进。

2. 设备(设施)的管理

(1) 制定设备维护保养制度，包括对设备的关键部位的日点检制度，确保设备处于完好状态。

(2) 按规定做好设备的维护保养，定期检测设备的关键精度和性能项目。

(3) 规定设备和设施的操作规程，确保正确使用设备(设施)，并做好设备故障记录。

3. 物料的管理(包括原材料、半成品、成品)

(1) 对现场使用的各种物料的质量应有明确规定，在进料及投产时，应验证物料的规范和质量，确保其符合要求；

(2) 易混淆的物料应对其牌号、品种、规范等有明确的标识，确保可追溯性，并在加工流转中做好标识的移植；

(3) 检验状态清楚，确保不合格物料不投产、不合格在制品不转序；

(4) 做好物料在储存、搬运过程中的防护工作，配置必要的工位器具、运输工具，防止磕碰损伤。

(5) 物料堆放整齐，并坚持先进先出的原则。

4. 作业方法与工艺纪律管理

(1) 确定适宜的加工方法、工艺流程、服务规范，选用合理的工艺参数和工艺装备，编制必要的作业文件。

(2) 确保岗位人员持有必要的作业指导文件，并通过培训或技术交底等活动，确保岗位人员理解和掌握工艺规定和操作要求。

(3) 提供工艺规定所必需的资源，如设备、工装、工位器具、运输工具、检测器具、记录表等。

(4) 严格工艺纪律，坚持“三按”(按图样、按标准或规程、按工艺)生产，并落实“三自”(自我检验、自己区分合格与不合格、自做标识)、“一控”(控制自检正确率)要求。

5. 工作环境管理

(1) 确定并管理为达到产品和服务符合要求、确保现场人员的健康和安全的工作环境。

(2) 开展“6S”管理，创建适宜的工作环境，提高作业人员的能动性。

6. 检测设备或器具管理

(1) 配合管理部门确定测量任务及所要求的准确度，选择适用的、具有所需准确度和精密度的检测设备。

(2) 使用经校准并在有效期内的测量器具，检定或校准的标识清晰。

(3) 明确检测点，包括检测的项目、频次、使用的器具、控制的范围和记录的需求等。

(4) 在使用和搬运中确保检测器具的准确性。

## 三、班组长在现场质量管理中的作用和任务

1. 班组长的作用

班组是实施现场质量管理、开展过程或工序质量控制的最基层的组织，班组长是班组实

施质量控制和质量改进的领导者和组织者。因此,充分发挥班组长的作用是搞好现场质量管理的重要举措。

2. 班组长的基本任务

(1) 带领职工理解并实现本班组的质量目标,必要时分解到岗位、机台。

(2) 熟悉本组各岗位的操作规程,组织开展互帮互学等提高操作技能的活动。

(3) 组织班组内部自检、互检,做好过程检验工作,包括对首件的复验和对本班组产品质量的抽验。

(4) 落实质量控制点活动,实施或配合控制点管理。

(5) 组织开展“6S”活动,创造整洁有序的工作环境。

(6) 组织本班组成员访问下工序活动。

(7) 坚持开展质量改进活动,包括组织或参与 QC 小组活动。

## 四、作业人员在现场质量管理中的职责和权限

1. 现场作业人员的工作目标

(1) 实现班组或岗位的质量目标。

(2) 确保顾客或下工序(过程)满意。

(3) 第一次就把事情做好,每一次都把事情做好。

2. 作业人员的职责

(1) 正确理解和掌握本岗位的各项质量目标或指标要求,并在质量偏离要求时采取相应措施。

(2) 严格遵守工艺纪律,进行生产,确保操作质量。

(3) 按规定做好过程(工序)质量的监测和记录,并确保记录填写及时、完整、真实、清楚。

(4) 做好原材料、在制品和成品等物料的清点和保管,防止缺损和混淆。

(5) 做好“三自”和“一控”,即“三自”(自我检验、自己区分合格与不合格、自做标识)、“一控”(控制自检正确率)。

(6) 做好设备维护保养和巡回检查,做到“三无”,即无灰尘、无油污、无跑冒滴漏。

(7) 做好不合格品的管理,包括对不合格品的隔离、标识、记录和报告,防止不合格品流入下工序。

(8) 坚持文明生产,按“6S”管理的要求,保持良好的工作环境

3. 授予的权限

(1) 应能明确地被告知该做什么和要达到的结果,以及个人对结果具有的影响力,包括应能知道所承担的工作的目标或指标。

(2) 应能获得必要的作业指导书或其他的必要文件。

(3) 应有规定的渠道获得工作所需的信息,包括本岗位工作结果或成绩的信息。

(4) 应能获得所需的测量器具和技术。

(5) 当质量发生偏离时,应能获得采取纠正措施的授权。

(6) 应能获得提高自身能力、知识和经验的机会。

4. 过程(工序)质量控制

(1) 过程和过程质量的概念

1) 过程

过程是一组将输入转化为输出的相互关联或相互作用的活动。输入和输出可以是有形的,也可以是无形的,如设备、材料、信息和财务资源或是某种中间产品等。过程必须是一种增值的转换。

一个产品有许多特性值,凡是因特性值不符合规定的要求而导致产品整体安全性或功能丧失的质量特性称为关键特性,而形成关键特性的过程就是关键过程。

特殊过程是指对过程结果所形成的产品是否合格不易或不能经济地进行验证的过程。对特殊过程的质量控制必须通过对操作人员的资格要求、操作规范要求以及对过程参数的控制。

关键过程的识别是在产品生产过程的策划阶段进行的。对关键过程和特殊过程列出清单,以便有重点地进行控制与管理。

2) 过程(工序)质量

过程(工序)是指产品生产过程的基本环节,即工序。过程(工序)质量的好次主要体现在过程输出的合格率、废品率或返修率。

(2) 过程质量的控制方法

1) 过程质量策划

过程质量策划是由工艺部门按照规定的工艺方案和工艺流程,确定重点过程、调查过程(工序)能力、分析过程因素、配置过程资源、研究控制方法、完善控制文件。

2) 设立过程(工序)质量控制点

过程(工序)质量控制点的设置一般按以下原则考虑:

质量控制点的设置可分为长期型和短期型。对关键过程(工序)要求必须长期重点控制,而对过程(工序)质量不稳定,出现问题较多的过程可设置为短期质量控制,经采取的控制措施验证有效并标准化后可转入一般的质量控制。

3) 加强过程质量审核

过程质量审核是内部质量审核的重点,其目的是为了验证影响生产过程的因素及其控制方法是否满足过程控制和工序能力的要求,及时发现存在的问题,并采取有效的纠正或预防措施进行改进和提高,确保过程质量处于稳定受控状态。

过程质量审核是持续地改进和提高产品质量的重要手段之一,对生产起到很好的促进作用,解决了实际问题,提高了生产效率,降低了生产成本,创造良好的经济效益。。

5. 流程性过程(工序)质量的控制

(1) 概念

将原辅材料溶解于槽(罐)中,经化学反应后,使用管道(皮带)输送的一种连续作业的工艺生产方法,称为流程性,其产品通常统称为流程性材料。

(2) 特点

1) 从投料至成品是连续的一条龙生产线,设计策划中的过程(工序)缺一不可。

2) 流程性材料通常是有形产品,其量有连续的特点。

3）流程性产品通常改变了主要原材料中某些化学成分或形态，其产品与使用的原辅材料有固、液、气三种形态，产品的包装须与这三种形态相适应。

4）流程性产品的检验只能以批为单位，在工艺生产中通常需要强化中间检验，以控制过程(工序)质量。

5）工艺生产中常受时间、温度、压力等因素影响，因此，各工序须配置相应的过程监视与测量装置。

6）流程性材料的生产过程中，常会产生废水、废渣、废气，因此“三废”处理便成为制约流程性材料生产的一个环境条件。

(3) 过程(工序)质量的控制

1）流程性材料的生产应力求保持连续作业的稳定性，须严格按照规定的工艺规程与控制要求进行操作，以确保过程(工序)质量。

2）流程性生产是一种流水作业，当班的工序质量不稳定，必将影响下道工序的质量，故在上班前应对上一班的工艺控制参数进行详细检查，若出现异常，应立即采取纠正措施，以免影响后续工序。

3）过程监视与测量的仪表、仪器要随时注意观察，以掌握温度或压力对过程质量的影响。

4）按工艺规定的时间、频次与方法进行抽样，检测规定的项目，以掌握过程质量参数的变化情况。

5）保持设备的完好状态，出现故障应及时维修。

6）对重要、关键工序设立质量控制点，按以下要求重点控制过程(工序)质量。

# 第八章　相关法律法规

## 第一节　《中华人民共和国安全生产法》相关知识

**学习目标：**了解《中华人民共和国安全生产法》的制修订基本情况及主要内容，掌握相关规定，提高作业人员的安全意识、安全素质，减少各类伤亡事故。

### 一、概况

2002年6月29日，《中华人民共和国安全生产法》经第九届全国人大常委会第二十八次会议审议通过，并自2002年月1日起施行。2014年8月31日，第十二届全国人民代表大会常务委员会第十次会议通过全国人民代表大会常务委员会关于修改《中华人民共和国安全生产法》(以下简称《安全生产法》)的决定，自2014年12月1日起施行。这是我国第一部全国规范安全生产的专门法律，是我国安全生产法律体系中的主体法，共七章112条。

### 二、主要内容

《安全生产法》一个最显著的特点就是在法律的基础上，建立起安全生产事故责任追究体制，即把政府部门、生产经营单位、安全生产管理人员和从业人员在安全生产方面的责任规定得十分明确，使安全生产的责任真正落实到基层。同时对负有审查、审批、验收职责的政府职能部门也明确了要对其行政行为负责，规定了相应的法律责任目的就是对政府职能部门的行政作为，明确法律责任，用法律树立起一个责任政府的形象。《安全生产法》内容丰富，可从以下几个方面加以理解。

1. 目标

《安全生产法》的第一条，开宗明义地确立了通过加强安全生产工作，防止和减少生产安全事故，实现如下目标：一是要保障人民生命和财产安全；二是要促进经济社会持续健康发展。

2. 基本要求

安全生产工作应当以人为本，坚持安全发展。

3. 确立安全生产方针

坚持安全第一、预防为主、综合治理的方针。“安全第一”就是劳动者的生命安全是第一位；抓生产首先抓安全；当生产任务和安全工作发生矛盾时，应按“生产服从安全”的原则处理；各岗位上的生产人员，必须首先接受安全教育，并经考核合格才能上岗。“预防为主”就是要把预防生产安全事故的发生放在安全生产工作的首位，坚持以培训教育为主。“综合治理”就是要求完善安全生产管理的体制机制、加强安全生产法制建设、推动安全科学技术创新、弘扬安全文化等方面进行综合治理才能真正搞好安全生产工作。

4. 建立完善监管机制

在《安全生产法》的总则中，规定了保障安全生产的国家总体运行机制：一是政府监管(通过立法、执法、监管等手段)；二是生产经营单位负责(落实预防、应急救援和事后处理等措施)；三是职工参与(八项权益和三项义务)；四是社会监督〔公民、工会、舆论和社区监督)；五是行业自律(通过技术支持和咨询服务等方式)。

5. 基本制度

《安全生产法》明确了我国安全生产的 11 项基本法律制度：一是安全生产监督管理制度(第 9 条)，二是生产经营单位安全保障制度(第 17～48 条)，三是从业人员安全生产权利义务制度(第 49～57 条)，四是生产经营单位负责人安全责任制度(第 5 条)，五是安全中介服务制度(第 13、69、89 条)，六是安全生产责任追究制度(第 13 条)，七是事故应急救援和处理制度(第 77～86 条)，八是安全生产规划制度(第 8 条)，九是注册安全工程师制度(第 24 条)，十是安全生产责任保险制度(第 48 条)，十一是安全生产诚信(黑名单)制度(第 75 条)。

6. 责任对象

《安全生产法》明确了对我国安全生产负有责任的各方，包括以下 4 个负有责任的方面：一是政府责任方，即各级政府和对安全生产负有监管职责的有关部门；二是生产经营单位责任方；三是从业人员责任方；四是中介机构责任方。

7. 对策

一是事前预防对策，即建立安全生产责任制，坚持“三同时”(同时设计、同时施工、同时投产)原则，保证安全机构及专业人员，落实安全投入，进行安全培训，实行危险源管理，进行项目安全评价，推行安全设备管理，落实现场安全管理，严格交叉作业管理，实施高危作业安全管理，保证承包租赁安全管理，落实工伤保险等，都是预防策略。二是事中应急救援对策，要求建立重大安全事故救援体系，制定事故应急救援预案，危险源的预控等。三是建立事后处理对策，包括推行严密的事故处理，实施事故后的行政责任追究制度，强化事故经济处罚，明确事故刑事责任追究等。

8. 生产经营单位主要负责人的责任

《安全生产法》第 17 条，对生产经营单位负责人的安全生产责任作了专门的规定：一是建立健全安全生产责任制。二是组织制定安全生产规章制度和操作规程；三是保证安全生产投入；四是督促检查安全生产工作，及时消除生产安全事故隐患；五是组织制定并实施生产安全事故应急救援预案；六是及时如实报告生产安全事故。

9. 从业人员的权利

《安全生产法》第 50～53 条明确了从业人员的八项权利是：一是知情权，即有权了解其作业场所和工作岗位存在的危险因素、防范措施和事故应急措施。二是建议权，即有权对本单位的安全生产工作提出建议。三是批评权和检举、控告权，即有权对本单位安全生产管理工作中存在的安全隐患提出批评、检举、控告。四是拒绝权，即有权拒绝违章作业指挥和强令冒险作业。五是紧急避险权，即发现直接危及人身安全的紧急情况时，有权停止作业或者在采取可能的应急措施后撤离作业场所。六是依法向本单位提出要求赔偿的权利。七是获得符合国家标准或者行业标准劳动防护用品的权利。八是获得安全生产教育和培训的权利。

10. 从业人员的义务

《安全生产法》第 54～56 条明确了从业人员的三项义务：一是自律遵规的义务，即从业人员在作业过程中，应当遵守本单位的安全生产规章制度和操作规程，服从管理，正确佩戴和使用劳动防护用品。二是自觉学习安全生产知识的义务，要求掌握本职工作所需的安全生产知识，提高安全生产技能，增强事故预防和应急处理能力。三是危险报告义务，即发现事故隐患或者其他不安全因素时，应当立即向现场安全生产管理人员或者本单位负责人报告。

11. 监督方式

《安全生产法》第 7、70、71、74 条，明确规定了我国安全生产的四种监督方式：一是工会民主监督，即工会有权对建设项目的安全设施与主体工程同时设计、同时施工、同时投入生产和使用的情况进行监督。二是公众举报监督，即任何单位或者个人对事故隐患或者安全生产违法行为，均有权向负有安全生产监督管理职责的部门报告或者举报。三是社区报告监督，即居民委员会、村民委员会发现其所在区域内的生产经营单位存在事故隐患或者安全生产违法行为时，有权向当地人民政府或者有关部门报告。四是社会舆论监督，即新闻、出版、广播等单位有权对违反安全生产法律、法规的行为进行舆论监督。

12. 安全监管部门的职权

《安全生产法》第 62 条规定，国家有关安全生产监管部门的安全监督检查人员具有以下三项职权：一是现场调查取证权，即安全生产监督检查人员可以进入生产经营单位进行现场调查，单位不得拒绝，有权向被检查单位调阅资料，向有关人员（负责人、管理人员、技术人员）了解情况。二是现场处理权，即有对安全生产违法作业当场纠正权。对现场检查出的隐患，责令限期改正、停产停业或停止使用；责令紧急避险和依法行政处罚。三是查封、扣押行政强制措施权。其对象是安全设施、设备、器材、仪表等；依据是不符合国家或行业安全标准条件是必须按程序办事、有足够证据、经部门负责人批准、通知被查单位负责人到场、登记记录等，并必须在 15 日内做出决定。

13. 安全监管部门及监督检查人员的义务

《安全生产法》第 61、64 条明确了安全监管部门及监督检查人员的义务：一是审查、验收禁止收取费用；二是禁止要求被审查、验收的单位购买指定产品；三是必须遵循忠于职守、坚持原则、秉公执法的执法原则；四是监督检查时须出示有效证件；五是对检查单位的技术秘密、业务秘密进行保密。

14. 违法行为和处罚方式

《安全生产法》第 83～109、111 条明确指出了政府、生产经营单位、从业人员和中介机构可能的违法行为。在指出违法行为的同时也明确了对相应违法行为的处罚方式：对政府监督管理人员有降级、撤职的行政处罚；对政府监督管理部门有责令改正、责令退还违法收取的费用的处罚；对中介机构有罚款、第三方损失连带赔偿、撤销机构资格的处罚；对生产经营单位有责令限期改正、停产停业整顿、经济罚款、吊销其有关证照、连带赔偿等处罚；对生产经营单位负责人有行政处分、个人经济罚款、限期内不得担任生产经营单位的主要负责人，降职、撤职、处 15 日以下拘留等处罚；对从业人员有批评教育、依照有关规章制度给予处分的处罚。无论任何人，造成严重后果，构成犯罪的，依照刑法有关规定追究刑事责任。

## 第二节　《中华人民共和国劳动法》相关知识

**学习目标**:了解《中华人民共和国劳动法》的制修订基本情况及主要内容,掌握相关规定,懂得维护劳动者自身的合法权益。

### 一、概况

《中华人民共和国劳动法》(以下简称《劳动法》)是1994年7月4日第八届全国人大常委会第八次会议通过,1995年1月1日起实施的,根据2009年8月27日第十一届全国人民代表大会常务委员会第十次会议通过的《全国人民代表大会常务委员会关于修改部分法律的决定》进行了修正。这是新中国成立后第一部劳动方面的法律文件,《劳动法》是在党的十四大提出建立社会主义市场经济条件体制的目标模式后,为适应市场经济的发展而制定的,这部法律对于保护市场经济条件下劳动者的合法权益,协调劳动关系起着非常重要的作用。它的颁布和实施是我国劳动法制建设新的里程碑。《劳动法》全面规定了劳动者在选择职业、取得劳动报酬、休息休假、获得劳动安全卫生保护、接受职业技能培训、享受社会保险和福利待遇、提请劳动争议处理等方面的权利和相应的义务,为劳动者维护自身合法权益。规范用人单位用人行为,提供了法律依据。

《劳动法》共13章107条,内容丰富,规定具体,针对性强,除了总则、监督检查、法律责任、附则外,还包括促进就业、劳动合同和集体合同、工作时间和休息休假、工资、劳动安全卫生、女职工和未成年工特殊保护、职业培训、社会保险和福利、劳动争议等九章,对劳动者的权利和义务、劳动关系的确立和调整、劳动标准的确定和执行以及劳动部门的工作规范和职责,都作了明确规定。劳动法的基本原则:一是保障劳动权的原则,二是保护劳动者合法权。

### 二、主要内容

1. 保障劳动权的原则

保障劳动权是保障公民生存权利的基础,因为劳动权是劳动法的基本原则。劳动法中所规定的其他权利,如休息权、劳动报酬权、劳动安全卫生权、物质帮助权等,都是以劳动权的实现为前提的,整个劳动法可以说是建立在劳动者的劳动权得以实现和保障的基础上。

(1) 保障劳动权的重要性

对于我国现阶段来说,保障劳动者的劳动权是非常重要的。我国长期以来人口过多,实行市场经济后,由于国家经济政策的调整、产业政策的变化、企业增效减员的需要,就业问题成为劳动问题中最为突出的问题。这也是我国长期面临的问题,需要我国采取长期的、稳定的劳动方针;发展经济需要一个安定的社会环境。我国现阶段国有经济占主导地位,但各种经济成分并存,各阶层利益不一致,劳动法律、法规不健全,有法不依、执法不严的现象严重存在,经营者素质上的差别,资本对利润的追求,这一切都将导致劳动关系的恶化,引发社会问题。而和谐稳定的劳动关系是社会安定必不可少的因素,事实证明劳动关系的和谐稳定关系到政治稳定、经济繁荣和社会进步,劳动问题处理不好,会影响社会安定,因此,有必要通过劳动权的保障,维护和谐稳定的劳动关系。

(2) 劳动权的含义

我国虽然在宪法中规定了劳动权，但规定得过于笼统、简单，只规定公民有劳动的权利和义务，未能赋予劳动权丰富的内容，这就需要通过劳动法基本原则的规定，对劳动权赋予丰富的内容，进行科学的界定，对劳动权予以全面的保障，这就是：

1) 凡是有劳动能力和意愿的公民都有平等地获得劳动机会的权利，有根据其志愿、才能、教育程度并在考虑社会需求的情况下选择职业及工种的权利。

2) 国家有义务保障劳动者获得劳动权，当劳动者谋求不到工作时，国家应给予帮助、扶持或提供必要的生活费。

3) 劳动者有按其劳动的数量与质量获得不低于国家规定的最低数额的劳动报酬的权利。

4) 必须尊重劳动权，任何组织和个人不得侵犯他人的劳动权，对劳动力使用者滥用解雇权的行为应当加以限制。

5) 劳动既是公民的权利，又是公民的义务。

2. 保护劳动者合法权益的原则

《劳动法》的立法目的就在于保护劳动者的合法权益，这正是《劳动法》区别于其他法律的本质特征，这一特征从《劳动法》诞生之日起就被确认。因此，保护劳动者的合法权益应该是《劳动法》又一个基本原则。

《中华人民共和国宪法》和《劳动法》规定的劳动者的合法权益主要有：劳动权、劳动报酬权、休息休假权、劳动安全卫生保护权、物质帮助权、依法组织和参加工会权、民主管理权、职业技能培训权、享受社会保险和福利权、提请劳动争议处理权等。同时应尽：完成劳动任务、提高职业技能、执行劳动安全卫生规程、遵守劳动纪律和职业道德四条义务。

保障劳动者的合法权益，首先是对劳动者最基本利益的保护。这种基本利益就是国家通过劳动法律、法规颁布的、强制实施的、普遍适用的最低的劳动标准、最基本的劳动条件，要求用人单位为劳动者提供的劳动条件和劳动标准不得低于国家规定，这种基本利益应当获得绝对性的保护，这种最基本的保护对所有用人单位要求都应当是一致的，不应由于用人单位所有制的不同或组织形式不同而有所差异。其次是平等的保护，平等的保护是指所有劳动者不因其民族、种族、性别、年龄、文化程度、财产状况、宗教信仰、职业、劳动关系的性质有何不同，其法律地位是相同的，其合法权益一律平等地受我国劳动法的保护，不应有任何歧视或差异。但这种平等保护，并不排斥对特殊劳动者群体如未成年工、女工等的特殊保护。

我国正处于社会主义初级阶段，生产力还不发达，当前的根本任务是集中力量发展社会生产力。因此，在这一特定的历史时期，应强调对劳动者合法权益的侧重保护，目前我国正在建立起来的社会保障体系，正在实施的再就业工程，对企业裁员行为的严格限制，都体现了侧重保护劳动者合法权益的原则，而不是片面强调绝对优先保护。

最后是全面的保护，即对劳动者的合法权益进行全方位的保护，也保护劳动关系双方当事人约定权利，对约定权利的保护是以不损害劳动者合法权益为前提的；既保护劳动者的人身权利，也保护劳动者的财产权利；这种保护既存在于劳动过程的始终，也存在于与劳动关系有关的任何环节。

# 第三节　《中华人民共和国劳动合同法》相关知识

**学习目标**:了解《中华人民共和国劳动合同法》的基本情况及主要内容,了解劳动者与用人单位之间的责任权利关系,懂得维护劳动者自身的合法权益。

## 一、概况

2007 年 6 月 29 日,作为我国第一部专门对劳动合同进行规范的《中华人民共和国劳动合同法》,于第十届全国人民代表大会常务委员会第二十八次会议通过,于 2008 年 1 月 1 日起开始施行。根据 2012 年 12 月 28 日第十一届全国人民代表大会常务委员会第三十次会议《关于修改〈中华人民共和国劳动合同法〉的决定》进行了修正,自 2013 年 7 月 1 日起施行。这部法律进一步科学地总结了自 1994 年《中华人民共和国劳动法》颁行以来劳动合同领域里所积累的丰富经验,并在借鉴其他国家和地区《劳动合同法》理论精髓的基础上,广泛征求、吸收了社会各界的合理建议,才形成了这部高品质的法律文件。作为调整用人单位和劳动者之间劳动关系,牵涉人民群众切身利益的主要法律依据,该法旨在规范用人单位与劳动者订立和履行劳动合同的行为,保护劳动者合法权益,促进劳动关系和谐稳定,并将会对劳动者就业、工作和生活等产生深刻、积极的影响。保护劳动者合法权益是《中华人民共和国劳动合同法》的立法核心和重中之重,特别是在"劳动者合法权益受侵害有权要求有关部门依法处理""用人单位违法不订立书面劳动合同的法律责任加重""加大对试用期劳动者保护力度""用人单位强迫劳动将受罚""连续工作满十年,用人单位应签订无固定期限劳动合同"等方面的规定,更加体现了该法自始至终都贯彻了保护劳动者合法权益的精神。这对保持和谐稳定的劳动关系,促进可持续发展的国民经济以及增进全体人民的福利保障,具有十分重要的意义。

劳动者是社会主义国家的主人,切实保护广大劳动者的合法权益,是我国社会主义现代化建设的根本要求,也是社会主义制度生命力和优越性的体现。应该说,《中华人民共和国劳动合同法》(以下简称《劳动合同法》)的颁布,使构筑和谐、健康的劳动关系,规范和引导劳动用工行为,从根本上保障劳动者的合法权益翻开了新的历史篇章。《劳动合同法》包括总则、劳动合同的订立、劳动合同的履行和变更、劳动合同的解除和终止、特别规定、监督检查、法律责任、附则等共 8 章 98 条,主要体现了 3 个立法原则。

## 二、主要内容

1. 劳动合同的订立形式、内容和期限

(1) 书面劳动合同的订立

《劳动合同法》明确规定:已建立劳动关系,未同时订立书面劳动合同的,应当自用工之日起一个月内订立书面劳动合同。这里有一个例外情况,即非全日制用工,比如家里用钟点工,也可以用口头劳动合同的形式,这就是从我国国情和实际出发。

(2) 劳动合同的内容

确保劳动者的合法权益不受侵犯,首先需要明确劳动合同的必备条款。这些必备内容主要是:工作内容和工作地点;工作时间和休息休假,劳动报酬;社会保险;劳动保护、劳动条件和职业危害防护。劳动合同除应具备法律规定的必备条款外，用人单位与劳动者可以约定试用期、培训、保守秘密、补充保险和福利待遇等其他事项。这些都属于约定条款。

(3) 劳动合同的期限

劳动合同的期限有三种。1) 固定期限劳动合同；2) 无固定期限劳动合同；3) 以完成一定工作任务为期限的劳动合同。劳动者不要求订立固定期限劳动合同，就应当分三种法定情形，订立无固定期限劳动合同。

第一种情形，劳动者在该用人单位连续工作满十年的；

第二种情形，用人单位初次实行劳动合同制度或者国有企业改制重新订立劳动合同时，劳动者在该用人单位连续工作满十年且距法定退休年龄不足十年的；

第三种情形，连续订立二次固定期限劳动合同，且劳动者没有试用期内不符合条件、违章、伤病不能工作的、培训后仍不能胜任的情形，续订劳动合同的。

针对不少用工单位不与劳动者订立劳动合同的问题，《劳动合同法》规定：用人单位自用工之日起超过一个月不满一年未与劳动者订立书面劳动合同的，视为已与劳动者订立无固定期限合同，并应在此前的 11 个月中向劳动者每月支付 2 倍的工资。

(4) 劳动合同的无效

《劳动合同法》规定下列劳动合同无效或者部分无效：以欺诈、胁迫的手段或者乘人之危，使对方在违背真实意思的情况下订立或者变更劳动合同的，用人单位免除自己的法定责任、排除劳动者权利的。违反法律、行政法规强制性规定的。劳动合同部分无效，不影响其他部分效力的，其他部分仍然有效。该法还用两章 22 条篇幅规定了政府的责任。规定了国务院劳动行政部门负责全国劳动合同制度实施的监督管理，市县人力资源和社会保障局负责实施。这种政府干预的规定与西方法律"契约自由"不同，体现了邓小平理论关于有中国特色社会主义法律的原则。

2. 劳动合同双方当事人的权利和义务

(1) 劳动者的权利和义务

1) 同工同酬的权利。《劳动合同法》规定：用人单位与劳动者约定的劳动报酬不明确或者对劳动报酬约定有争议的，按照集体合同规定的标准执行；没有集体合同或者集体合同未规定的，实行同工同酬。被派遣劳动者享有与用工单位的劳动者同工同酬的权利；用工单位无同类岗位劳动者的，参照用工单位所在地相同或者相近岗位劳动者的劳动报酬确定。

2) 及时获得足额劳动报酬的权利。及时获得足额劳动报酬是劳动者的一项基本权利。《劳动合同法》将"劳动报酬"作为劳动合同的必备条款之一，并规定：劳动合同中缺少"劳动报酬"条款的，由劳动行政部门责令改正；给劳动者造成损害的，由用人单位承担赔偿责任。

3) 要求经济补偿的权利。以劳动者在本单位工作的年限为标准，工作满一年支付一个月工资的经济补偿。比如工作了六年，共要求经济补偿六个月的工资。

4) 诚信义务。劳动者有义务就其与劳动合同有关的情况向用人单位说明。

5) 守法义务。主要是劳动者违反与用人单位约定的服务期、劳动纪律、职业道德等其他约定条款。否则，应按约定向用人单位支付违约金。

(2) 用人单位的权利和义务

1) 有依法约定试用期和服务期的权利。试用期是用人单位通过约定一定时间的试用期,来检验劳动者是否符合本单位特定工作岗位工作要求的制度。这对双方互相了解、双向选择,具有积极意义。为了防止有些用人单位滥用试用期,《劳动合同法》规定,劳动合同期限三个月以上不满一年的,试用期不得超过一个月,劳动合同期限一年以上不满三年的,试用期不得超过两个月;三年以上固定期限和无固定期限的劳动合同,试用期不得超过六个月。

2)劳动者违反服务期约定的,用人单位有要求其支付违约金的权利,违约金的数额不得超过用人单位提供的培训费用。

3)限制试用期的义务,同一用人单位与同一劳动者只能约定一次试用期。

4)禁止试用期的义务,以完成一定工作任务为期限的劳动合同或者劳动合同期限不满三个月的。

5)对劳动者培训的义务,用人单位对劳动者提供专项培训费用。

## 第四节 《中华人民共和国环境保护法》相关知识

**学习目标:**作为环境保护工作者,了解《中华人民共和国环境保护法》的制修订基本情况及主要内容,掌握相关规定,遵守国家法律,防止污染环境。

### 一、概况

《中华人民共和国环境保护法》(以下简称《环境保护法》)是为保护和改善环境,防治污染和其他公害,保障公众健康,推进生态文明建设,促进经济社会可持续发展制定的国家法律。1989 年 12 月 26 日,第七届全国人民代表大会常务委员会第十一次会议通过实施,2014 年 4 月 24 日中华人民共和国第十二届全国人民代表大会常务委员会第八次会议对其修订版审议通过,自 2015 年 1 月 1 日起施行。进一步明确了政府对环境保护监督管理职责,完善了生态保护红线等环境保护基本制度,强化了企业污染防治责任,加大了对环境违法行为的法律制裁,法律条文也从原来的 47 条增加到 70 条,增强了法律的可执行性和可操作性,是我国历史上最为严格的专业领域行政法。

### 二、主要内容

1. 生态文明建设和可持续发展的理念

新的《环境保护法》明确提出要推进生态文明建设,促进经济社会可持续发展,要使经济社会发展与环境保护相协调。充分体现了环境保护的新理念。“建设生态文明”以把握自然规律、尊重和维护自然为前提,以人与自然、环境与经济、人与社会和谐共处为宗旨,以资源环境承载力为基础,以建立可持续的产业结构、生产方式、消费模式以及增强可持续发展能力为着眼点,加快构建资源节约型、环境友好型社会;“经济发展与环境保护相协调”是指经济社会发展要充分考虑环境与资源的承载力,使环境和资源既能满足经济社会发展目标的需要,又能够使环境资源保持在满足当代人和后代人对适当环境质量要求的水平上,从而使经济社会发展与环境保护相互促进,共同发展,实现经济效益、社会效益与环境效益的统一。

2. 明确了保护环境的基本国策和基本原则

新法进一步强化环境保护的战略地位,增加规定“保护环境是国家的基本国策”,并明确

“环境保护坚持保护优先、预防为主、综合治理、公众参与、污染者担责的原则”。其中“公众参与”是指在环境保护领域，公民有权平等地参与环境立法、决策、执行、司法等于其环境权益相关的一切活动；“污染者担责”就是谁污染谁治理，解决因环境污染造成的损害以及治理污染所支付的费用究竟应该由谁来承担的问题。

3. 完善了环境管理基本制度

(1) 一是完善了环境监测制度。第 17 条规定：建立环境信息共享机制，要求有关行业、专业等各类环境质量监测点的设置应当符合法律法规的规定和监测范围；明确了监察机构应当使用符合国家标准的监测设备，遵守监测规范；监测机构及其负责人对监测数据的真实性和准确性负责。

(2) 二是完善了环境影响评价制度。加大了未批先建的违法责任，没有进行环评的项目不得开工，第 19 条增加规定“未依法进行环境影响评价的建设项目，不得开工建设”。并规定相应的法律责任：“建设单位未依法提交建设项目环境影响评价文件或者环境影响评价文件未经批准，擅自开工建设的，由负责审批建设项目环境影响评价文件的部门责令停止建设，处以罚款，并可以责令恢复原状。”

(3) 三是完善了跨行政区污染防治制度。第 20 条规定：“国家建立跨行政区域的重点区域、流域环境污染和生态破坏联合防治协调机制”。强化了联合防治机制，实行统一规划、统一标准、统一监测、统一的防治措施。

(4) 四是完善了防治污染设施“三同时”制度和重点污染物排放总量控制和区域限批制度，补充了总量控制制度。

(5) 五是明确排污许可管理制度。第 63 条规定，企、事业单位和其他生产经营者，违反法律规定，未取得排污许可证排放污染物，被责令停止排污，拒不执行，且不构成犯罪的，除依照有关法律法规规定予以处罚外，对直接负责的主管人员和其他直接责任人员给予行政拘留。

(6) 六是增加生态保护红线规定。第 29 条规定，国家在重点生态功能区、生态环境敏感区和脆弱区等区域划定生态保护红线，实行严格保护，明确了生态保护红线的范围。

4. 突出强调政府监督管理责任

新的《环境保护法》调整篇章结构，突出强调政府责任、监督和法律责任。新法在上级政府机关对下级政府机关的监督方面，加强了地方政府对环境质量的责任。同时，增加规定了环境保护目标责任制和考核评价制度，并规定了上级政府及主管部门对下级部门或工作人员工作监督的责任。规定了地方各级人民政府应当对本行政区域的环境质量负责，促使地方政府平衡经济发展和环境保护的关系。要求县级以上人民政府应当将环境保护目标完成情况纳入对本级人民政府环境保护具有监管职责的部门及其负责人和下级人民政府及其负责人的考核内容，作为对其考核评价的重要依据。就是讲环境保护目标作为政绩考核的重要指标，加大其在考核指标体系中的权重。

5. 加强农村环境保护

第 33 条增加规定各级人民政府应当“促进农业环境保护新技术的使用，加强对农业污染源的监测预警，统筹有关部门采取措施”，保护农村环境；规定“县、乡级人民政府应当提高农村环境保护公共服务水平，推动农村环境综合整治”。第 49 条规定“施用农药、化肥等农业投入品及进行灌溉,应当采取措施,防止重金属及其他有毒有害物质污染环境”。增加规定“县级人民政府负责组织农村生活废弃物的处置工作”。

6. 加大了违法排污的责任

一是规定了“按日计罚”制度。“按日计罚”,就是按照违法的天数计算罚款,不再是一次性罚金,同时罚款总额上不封顶,并且建立“黑名单”制度,将环境违法信息记入社会诚信档案并向社会公布,提高了企业的违法成本。

二是责令停业、关闭。第60条规定,企事业单位和其他生产经营者超过或者超过重点污染物排放总量控制指标的,县以上环境保护行政主管部门可以责令其采取闲置生产、停产整治等措施,情节严重的,报经有批准权的人民政府批准,责令停业、关闭。

三是规定了行政拘留。新法第63条规定,违反法律规定,建设项目未依法进行环评,被责令停止建设,拒不执行的;未取得排污许可证排放污染物,被责令停止排污,拒不执行的;通过偷排或者篡改、伪造监测数据,或者不正常运行防治污染设施等逃避监管的方式排放污染物的;生产、使用国家明令禁止生产、使用的农药,被责令改正,拒不改正的。有以上行为之一尚不构成犯罪的,由县级以上人民政府环境保护主管部门或者其他有关部门将案件移送公安机关,对其直接负责的主管人员和其他直接责任人员,处十日以上十五日以下拘留;情节较轻的,处五日以上十日以下拘留。

7. 其他

(1) 设置了信息公开和公众参与专章。第五章专章规定了环境信息公开和公众参与,加强公众对政府和排污单位的监督。

(2) 规定了公民的环境权利和环保义务。增加规定公民应当遵守环境保护法律法规,配合实施环境保护措施,按照规定对生活废弃物进行分类放置,减少日常生活对环境造成的损害。规定每年6月5日为环境日。

(3) 强化了主管部门和相关部门的责任。包括编制本行政区域环保规划、制定环境质量和污染物排放标准、现场检查、查封、扣押,等。

(4) 强化了企事业单位和其他生产经营者的环保责任。实施清洁生产、减少环境污染和危害、按照排污标准和总量排放、安装使用监测设备、建立环境保护制度、缴纳排污费以及制定环境事件应急预案等。

(5) 完善了环境经济政策。鼓励投保环境污染责任保险。

## 第五节 《中华人民共和国保密法》相关知识

**学习目标:**了解《中华人民共和国保密法》的制修订基本情况及主要内容,掌握相关规定,遵守相关制度,确保国家秘密和企业商业秘密的安全。

### 一、概况

《中华人民共和国保守国家秘密法》(以下简称《保密法》)1988年9月5日经第七届全国人民代表大会常务委员会第三次会议审议通过,自1989年5月1日起施行。2010年4

月29日由中华人民共和国第十一届全国人民代表大会常务委员会第十四次会议修订，2010年10月1日起施行。《保密法》是新中国成立以来我国第一部比较完备的、与形势相适应的管理保守国家秘密工作的法律，《保密法》共六章五十三条。

第一章"总则"是关于保守国家秘密工作的若干基本规定，共八条。包括立法宗旨、国家秘密的定义、保密工作的方针、保密工作的管理体制、保密义务的设定以及奖励。

第二章"国家秘密的范围和密级"，是具体界定国家秘密及其密级的规定，共十二条。它原则上规定了国家秘密的基本范围和国家秘密密级划分，对如何确定、变更密级和保密期限以及解密做出了具体规定，限定了定密权限、从严控制知悉范围，强制执行解密制度。

第三章"保密制度"，根据客观需要和实践经验，对必要的保密制度做出了具体规定，共二十条。这章具有涉及面广、针对性强的特点，对主要泄密渠道、窃密途径提出了防范要求，为制定有关配套法规、规章奠定了基础。

第四章"监督管理"，共七条，对保密行政管理部门授予18项监督职能，其中包括责令停用存在泄密隐患的设施、设备场所，建议调离严重违反保密规定的涉密人员等。

第五章"法律责任"，对违反《保密法》，危害国家安全和利益的行为以及行为人应当承担的法律后果做出了明确规定，共四条。有关机关、单位应依照这一章的规定追究违法行为人的法律责任。

第六章"附则"，对总则做出了附属性、补充性的规定，共两条。它主要对《中国人民解放军保密条例》的制定和《保密法》的施行日期作了规定。

## 二、主要内容

### 1. 保守国家秘密是每个公民的义务

保守国家秘密是每个公民应尽的一项基本义务。我国《宪法》第53条规定："公民必须遵守宪法和法律，保守国家秘密"。《保密法》中也做出了明确规定："一切国家机关、武装力量、政党、社会团体、企业事业单位和公民都有保守国家秘密的义务"。因此，凡是具有中华人民共和国国籍，根据我国《宪法》和法律规定享有一定权利并承担义务的人，都必须承担保守国家秘密的义务。《保密法》第24条明确要求每个公民："不准在私人交往和通信中泄露国家秘密，携带属于国家秘密的文件、资料和其他物品外出不得违反有关保密规定。不准在公共场所谈论国家秘密。"诸如此类的规定，对公民在日常工作、生活和人际交往中应遵守的保密行为作了明确规定，实际上已经告之公民如何履行保密义务。因此，公民要认真履行自己的保密义务。守法的前提是知法，保密法规要学，而且要学好。通过参加知识培训、专家讲座，逐步加深对保密工作重要性的认识。学习信息安全保密知识，提高防范技能，尽可能防范泄密问题的发生。

规章制度再好，如果执行不力，一样起不到应有的作用。保密法规对保密工作以及措施都做了明确具体的规定，照章办事。不该说的不说，不该问的不问，不该看的不看，涉密资料及存储介质要严格保管，坚决做到"涉密不上网，上网不涉密"的保密基本要求。严格的保密规章可能会给我们的工作带来"不便"，会增加我们的工作程序，但与国家利益相比，这点付出是微不足道的。保密法规是严肃的,谁不按制度办事,泄露了国家秘密,必会受到相应的处罚,所以我们在平时的工作中,养成良好的保密习惯,防止在不经意间,将国家秘密置于失控的状态。当然,好习惯的养成需要相应的时间过程,更需要良好的自我控制能力。

2. 保密工作的基本要求

随着全球信息化的迅猛发展,在给人们生活和工作带来巨大利益和方便的同时,也给保密工作带来了许多新的严峻挑战。一张简单的图纸、一份普通的文件都有可能含有涉密内容,它们的流失,都可能给国家造成无法挽回的损失。因此,培养全体职工的保密意识,让保密成为一种习惯,这是新形势下做好保密工作最基本的要求。

(1) 妥善保管涉密文件。对涉密资料的制作、收发、传递、复印、销毁等各个环节从严管控,做到有制度、有检查、有落实,严格控制发放范围,指定专人管理,实行专柜存放,定期进行销毁,切实将涉密文件的管理纳入有序轨道,防止发生失密泄密现象。

(2) 加强涉密信息存储载体的"妥善保管"。目前,一些人员使用的软盘、光盘、移动硬盘、U 盘等存储载体,自购、自用、自存的现象比较普遍,这些载体信息容量大,使用频繁,长期散存于个人手中容易失控,泄密渠道明显增多。所以,教育职工"妥善保管"是非常必要的。

(3) 对有可能成为发明创造或重大科研成果的阶段性资料进行"妥善保管"。一项发明创造或科研成果被鉴定为省部级以上重大科技成果,往往需要几年时间甚至更长,那么对阶段性工作中所取得的重要数据和技术资料,进行"妥善保管"的最好方式就是及时交到档案室建档和归档,限定接触人员范围,有利于形成最终成果。

(4) 对核心软件(专用软件)实行专人"妥善保管"并在档案室留有备份,防止丢失或其他意外发生。

# 第六节 《中华人民共和国放射性污染防治法》相关知识

**学习目标:**了解《中华人民共和国放射性污染防治法》的制修订基本情况及主要内容,掌握相关规定,预防发生可能导致放射性污染的各类事故。

## 一、概况

《中华人民共和国放射性污染防治法》(以下简称《放射性污染防治法》)是为了防治放射性污染,保护环境,保障人体健康,促进核能、核技术的开发与和平利用而制定的。由第十届全国人民代表大会常务委员会第三次会议于 2003 年 6 月 28 日通过,自 2003 年 10 月 1 日起施行,共 8 章 63 条。

## 二、主要内容

《放射性污染防治法》是在总结我国放射性污染防治的实践经验,借鉴国际核与辐射安全监管制度的基础上,形成的我国第一部核与辐射安全监管法律。主要包括总则、放射性污染防治的监督管理、核设施的放射性污染防治、核技术利用的放射性污染防治、铀(钍)矿和伴生放射性矿开发利用的放射性污染防治、放射性废物管理、法律责任、附则等内容。

按照该法的定义,放射性污染,是指由于人类活动造成物料、人体、场所、环境介质表面或者内部出现超过国家标准的放射性物质或射线。“放射性物质”在本法中包括核材料,密封放射源,非密封放射源,乏燃料,放射性废物等。本法规定的放射性污染不仅指放射性物质引起的污染,由于射线或者能超过国家标准规定的水平也是污染,即放射线能量超过国家有关标准也确定为污染。

# 附录　常用安全标志图

## 一、禁止标志

禁止标志是禁止人们不安全行为的图形标志。禁止标志的基本形式是带斜杠的圆边框,其中图形为黑色,禁止符号与文字底色为红色。常见的禁止标志如图 1 所示。

图 1　常见的禁止标志

## 二、警告标志

警告标志是提醒人们对周围环境引起注意,以避免发生危险的图形标志。警告标志的基本型式是正三角形边框,图形、警告符号及字体为黑色,图形底色为黄色。常见的警告标志如图 2 所示。

## 三、指令标志

指令标志是强制人们必须做出某种动作或采用防范措施的图形标志。指令标志的基本型式是圆形边框,图形为白色,图形底色为蓝色,常见的指令标志如图 3 所示。

## 四、提示标志

提示标志是向人们提供某种信息(如标明安全设施或场所等)的图形标志。提示标志的基本型式是正方形边框,底色为绿色,文字为白色常见的提示标志如图 4 所示。

提示目标的位置时,加方向辅助标志。如指示左向时,辅助标志应放在图形标志的左方如图 5 所示;如指示右向时,则应放在图形标志的右方。

图 2　常见的警告标志

图 3　常见的指令标志

图 4　常见的提示标志

图 5　加方向辅助的提示标志

# 参考文献


[1] 王俊峰，刘坤贤，王邵，等. 放射性废物处理与处置[M]. 北京：中国原子能出版社，2013.

[2] 中国石化集团上海工程有限公司. 化工工艺设计手册[M]. 北京：化学工业出版社，2003.

[3] 中国质量协会. 全面质量管理[M]. 3 版. 北京：中国科学技术出版社，2010.

[4] 郭志敏. 放射性固体废物处理技术[M]. 北京：中国原子能出版社，2007.

[5] 贺新. 化工总控工应会技能基础[M]. 北京：化学工业出版社，2015.

[6] 董孟良. 化工操作岗位培训教程[M]. 北京：化学工业出版社，2012.

[7] 中国核工业集团公司人力资源部. 核反应堆运行值班员基础知识[M]. 北京：中国原子能出版社，2014.

[8] 中国核工业集团公司人力资源部. 核聚变装置装配试验工基础知识[M]. 北京：中国原子能出版社，2012.

[9] 顾忠茂. 核废物处理技术[M]. 北京：中国原子能出版社，2009.